普通高等学校艺术设计专业“十三五”规划教材

建筑装饰
材料与施工工艺

主　编　吴　静　陈术渊　周　峰

副主编　张莹莹　倪　勇　陈卓勋　陈　艳

江苏大学出版社
JIANGSU UNIVERSITY PRESS
镇　江

图书在版编目(CIP)数据

建筑装饰材料与施工工艺 / 吴静，陈术渊，周峰主编. — 镇江 ：江苏大学出版社，2019.2
ISBN 978-7-5684-1057-1

Ⅰ. ①建… Ⅱ. ①吴… ②陈… ③周… Ⅲ. ①建筑材料—装饰材料②建筑装饰—工程施工 Ⅳ. ①TU56 ②TU767

中国版本图书馆 CIP 数据核字(2019)第 011559 号

建筑装饰材料与施工工艺

主　　编/吴　静　陈术渊　周　峰
责任编辑/郑晨晖
出版发行/江苏大学出版社
地　　址/江苏省镇江市梦溪园巷 30 号(邮编：212003)
电　　话/0511-84446464(传真)
网　　址/http://press.ujs.edu.cn
排　　版/镇江市江东印刷有限责任公司
印　　刷/南京孚嘉印刷有限公司
开　　本/787 mm×1 092 mm　1/16
印　　张/17.75
字　　数/354 千字
版　　次/2019 年 2 月第 1 版　2019 年 2 月第 1 次印刷
书　　号/ISBN 978-7-5684-1057-1
定　　价/64.50 元

如有印装质量问题请与本社营销部联系(电话:0511-84440882)

前言 Foreword

建筑装饰材料是室内设计中重要的表现节点，现代人越来越追求生活的品质，对室内设计中材料的选择与运用的要求也越来越高，不仅要求材料具有个性的造型，悦目的色彩，更要求在室内运用时具有质轻高强、防火、隔声、防水、防霉、抗静电、耐老化，及节能环保等多种性能。既要表现材料的艺术美感，又要展现出现代的科技。市面上各类材料品种繁多、性能各异、用途广泛，材料在现代高新技术的推进下更新换代迅速，新型材料不断涌现。这就要求设计工作者对材料性能的把握及施工工艺过程有一个非常熟悉的认知与把控。

本书共分为 3 篇(19 章)，第一篇主要概述了装饰材料的分类及基本性能；第二篇分别介绍了石材装饰材料、建筑装饰竹木制品、陶瓷装饰材料、建筑玻璃、金属装饰材料、无机凝胶装饰材料、建筑涂料、塑料及复合材料、织物及软质材料的基本知识和性质；第三篇主要介绍了水电工程、砌筑工程、防水工程、石材铺砖工程、木工工程、油漆工程及其他装饰材料的施工工艺，让读者了解各类装饰材料的特点，同时掌握装饰材料的基本施工工艺。本书可以作为高职高专院校环境艺术设计、室内设计等相关专业教材，也可作为从事室内设计相关行业工作者的参考用书。

编者

2019 年 1 月

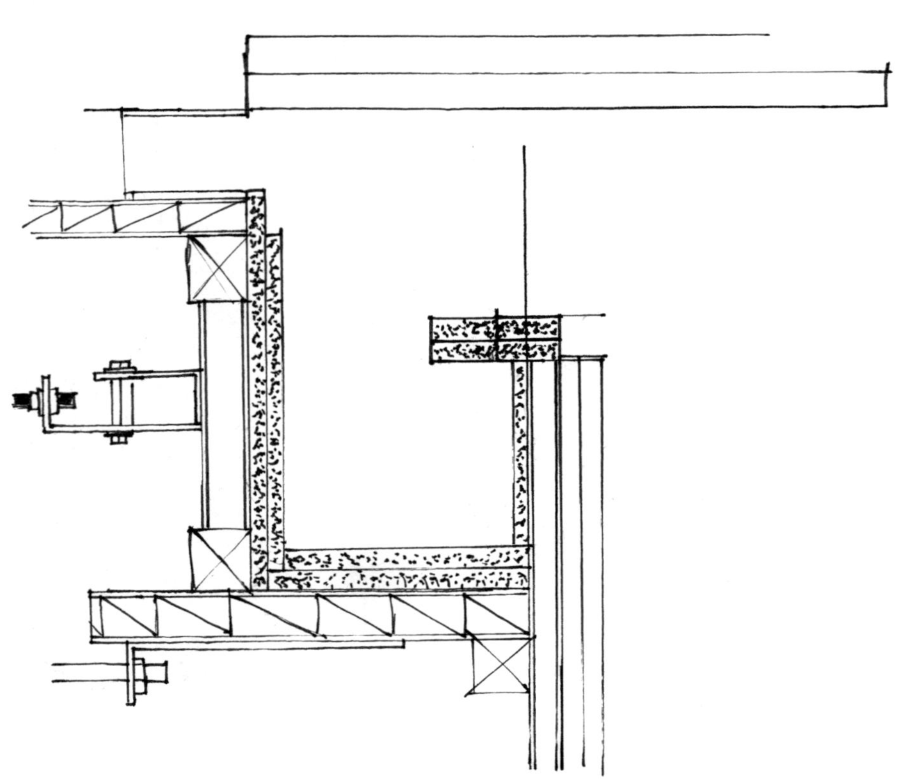

目　录

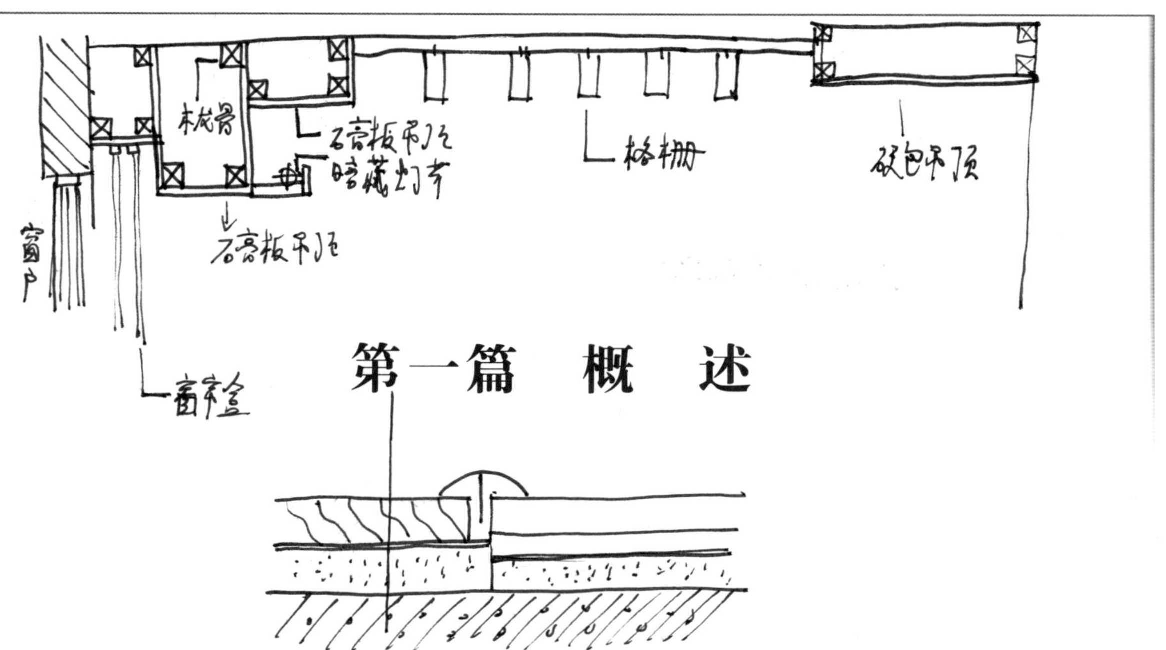

第一篇　概　述

室内是人们日常生活、工作活动的主要空间之一，室内环境好坏必然影响人们室内生活、工作活动的质量。室内装饰是室内环境的重要组成部分。不同材料的组合可以代表不同的时代特征，适应不同的空间样式，营造不同的装饰风格且具有一定的艺术表现能力。

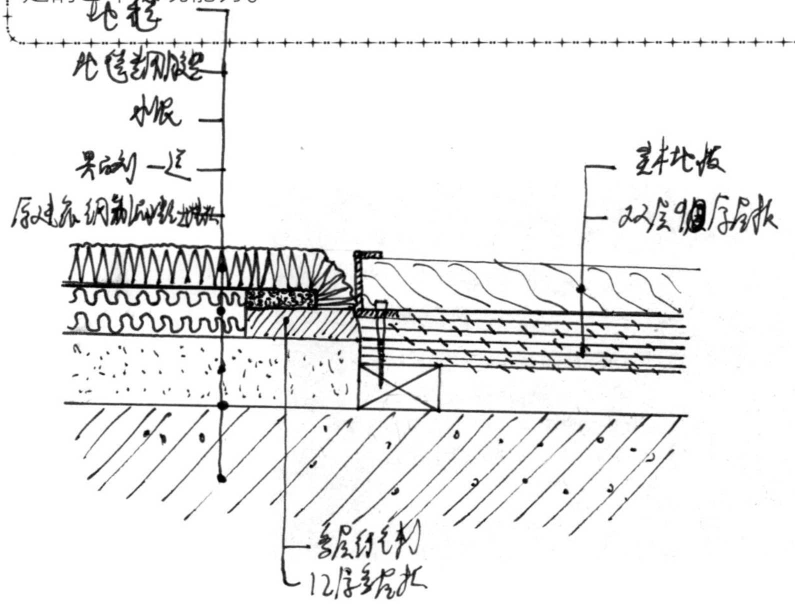

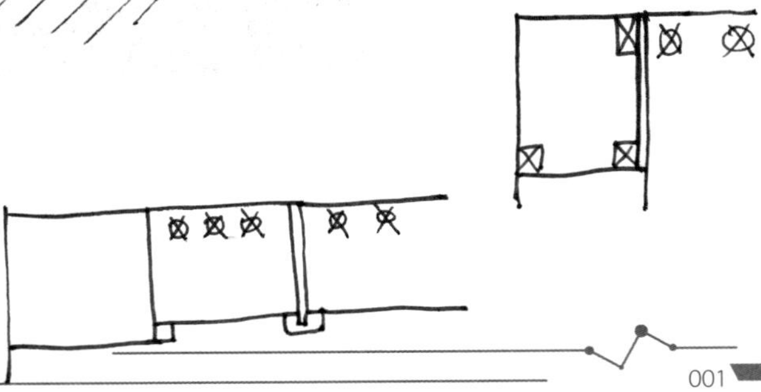

第一章　室内装饰概述

一、室内装饰历史发展概述

旧石器时代、青铜时代、铁器时代……材料与人类的生产方式与生产力的发展息息相关。

人类文明发展的一开始就伴随着对材料的运用（见图 1-1）。人类在日常生活与生产实践活动中，将大自然赋予的各种材料（石材、木材等）进行加工和利用，并通过长期不断的生产实践和生活经验的积累，丰富了对各种材料特性的认知，掌握了对各种不同材料的加工技术，懂得了运用周围的材料来改造自我的生存环境，提高生活水平。例如，搭建房屋，制作各种生产生活工具和精神产品来满足自我物质与生活上的需要。

图 1-1　兽骨

人类从对材料的原始运用到逐渐学会和掌握了烧制陶器、烧铸金属材料的运用，随着现代科学技术的发展，创造了无数人工复合材料，以及符合现代环保要求和具有高效性能的纳米材料。每一次新材料和新工艺的出现，都标志着人类社会文明的进步，都会给人类的发展带来新的飞跃。

随着科学技术的发展，装饰材料在不断更新，采用新的施工技术的室内装饰的档次得到进一步提高。人类社会在发现材料、制作材料和充分利用材料的过程中，发展了材料的实用性和艺术性，从而逐步实现了材料使用价值和审美价值的融合，功能和形式的统一，使得室内空间的装饰得到极大地丰富，并成为一个相对独立的技术和艺术门类。

二、室内装饰材料的发展趋势

随着科学的不断进步，人们的生活水平和审美观念不断提高，推动了建筑材料工业的迅猛发展，新的装饰材料不断地被开发和应用。

1. 从天然材料向人造材料发展

自古以来，人们使用的装饰材料绝大多数是天然材料，如天然石材、木材、动物的皮制品和棉麻编织物等。随着科学技术的发展，以高分子材料为主要原材料制造的各种新型装饰材料，如人造大理石、塑胶地板、复合强化地板等，为人们选择不同层次和不同功能的装饰材料提供了更大的可能（见图1-2）。

(a) 复合强化地板

(b) 石器

图1-2　人造材料

2. 从单一功能材料向多功能材料发展

人们对空间的要求越来越高，除了满足基本的居住等使用功能外，对声、光、电、热等都有要求，这就要求材料既保持原有的功能与质感，又具有轻质、高强、保温、隔热、消防、环保等功能，且便于各组分材料的性能相互补充，从而获得原单一材料所不具备的许多优良性能（见图1-3和图1-4）。

(a) 复合型金属材料

(b) 铝塑板

图 1-3　多功能材料 1

(a) 氟碳涂层金属板

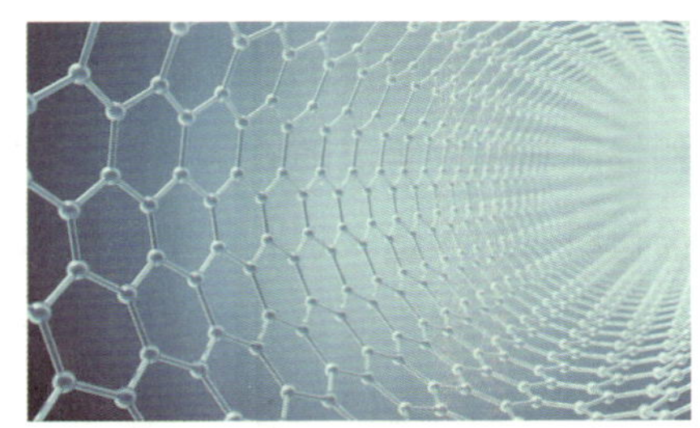
(b) 纳米材料分子

图 1-4　多功能材料 2

3. 由现场制作向成品安装发展

装修工程大多数是现场作业、手工制作，因此劳动强度大、施工时间长且成本高。采取预制成品后，施工时只需要按照规范要求安装即可。如装饰门、门套、橱柜等。尤其是精装修住宅的普及，成品定制将会成为一种必然（见图 1-5 和图 1-6）。

图 1-5　门套安装

图 1-6　橱柜安装

4. 向环保方向发展

环保的安全建筑是人们追求的目标。材料的选择与运用更需要注重节能性与环保性。

在生产的过程中采用绿色技术即在生产中使用对生态环境无危害的方法，使装饰材料向既有装饰性，又有环保功能的方向发展（见图 1-7 和图 1-8）。

图 1-7　无炫光、节能型照明灯具

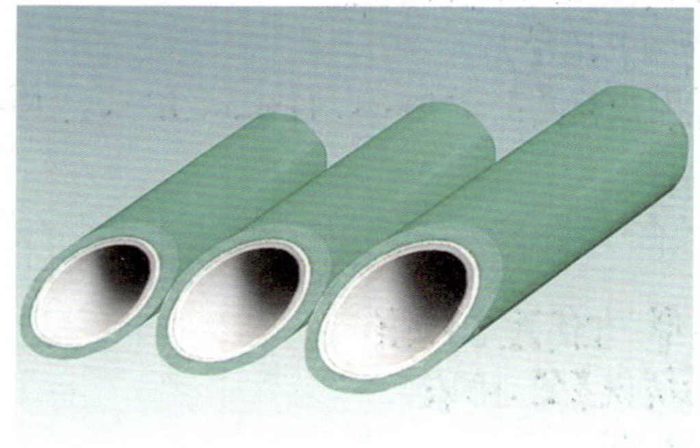

图 1-8　节能、静音、流畅、易弯曲的复合管

第二章　装饰材料的分类与基本性能

第一节　材料的分类

装饰材料的种类繁多，有许多不同的分类方法。

一、按材料的化学成分分类

（1）有机材料：木材（见图 2-1）、竹材（见图 2-2）、橡胶等。

图 2-1　木材

图 2-2　竹材

（2）无机材料：金属材料与非金属材料。

金属材料：黑色金属材料（铁及铁为基体的合金：纯铁、碳钢、合金钢、铸铁等）和有色金属材料（除铁和铁的合金以外的金属及其合金：铝与铝合金、镁及镁合金、铜与铜合金等）。

非金属材料：天然石材（大理石、黏土等）、陶瓷制品（氧化物陶瓷、金属陶瓷、复合陶瓷等）、胶凝材料（水泥、石灰、石膏等）。

(3) 高分子材料：塑料。例如，聚乙烯（见图 2-3）、有机玻璃（见图 2-4）、尼龙等。

图 2-3　聚乙烯管道

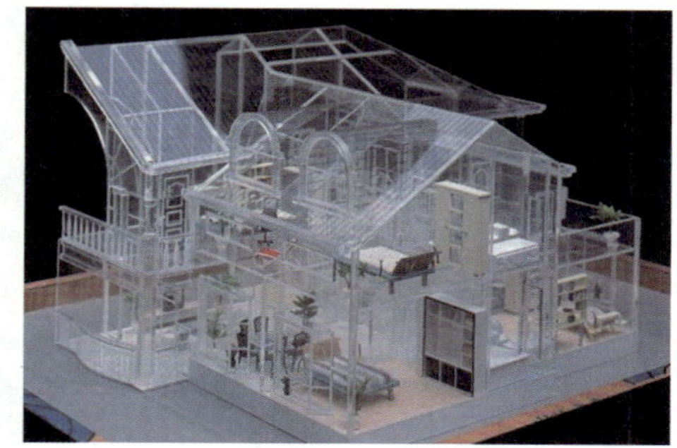

图 2-4　有机玻璃

(4) 复合材料：塑铝板、玻璃钢、人造胶合板（见图 2-5）、三聚氰胺贴面板（见图 2-6）、强化木质复合地板、氟碳涂层金属板、织物状复合地毯和墙纸、热反射玻璃等。

图 2-5　人造胶合板

图 2-6　三聚氰胺贴面板

(5) 纳米材料：纳米金属、纳米陶瓷、纳米高分子和纳米复合材料等。

二、按材料的主要用途分类

(1) 用于结构或龙骨的材料：钢（见图 2-7）、铁、铝合金、混凝土等。

图 2-7　钢结构

（2）用于墙面的材料：天然石材、木材及其加工产品、陶瓷面砖、玻璃、纺织纤维面料、地毯、墙纸、涂料、石膏板、塑料扣板、金属扣板等。

（3）用于顶面的材料：石膏板、矿棉板（见图 2-8）、胶合板、塑料扣板、金属扣板、壁纸（布）、涂料等。

图 2-8　矿棉板

（4）用于地面的材料：实木地板、强化木质复合地板、塑料地板、陶瓷地面砖、防静电地板、大理石、花岗石、地毯等。

（5）用于家具的材料：人造板〔胶合板、中密度板、大芯板（见图 2-9）等〕、木方块材、金属骨架等基材和各树种刨切薄木贴面板、防火板（见图 2-10）、塑料贴面板、石材饰面板、金属板等。

图 2-9　大芯板

图 2-10　防火板

（6）五金配件。

三、按主要功能分类

按主要功能分为：吸音材料（见图 2-11）、保温隔热材料、防水材料、防腐防蛀材料、防火材料、防静电材料（见图 2-12）、防滑材料、防锈材料及性能特异的纳米材料。

图 2-11　吸音装饰板

图 2-12　防静电材料

建筑装饰材料的分类方法繁多，一般均按建筑装饰材料的化学成分分类。材料虽有不同的分类方法，但在实际表现中能够始终体现出使用价值和审美功能，将技术与艺术融合。

第二节　材料的基本性能

在实际工程运用中正确使用材料对其最后呈现的效果及在使用中表现出来的性能有很大的影响。掌握材料的基本性能，不仅可以正确选择材料的应用范围，提高材料的节能与环保效应，以及在使用材料的同时考虑维护材料、延长材料的使用寿命和安全质量，而且可以提高艺术表现效果，达到技术与艺术的统一。

一、材料与质量有关的性质

（一）密度

密度是材料在绝对密实状态下（不包括内部任何孔隙的体积），单位体积的质量。

（二）表观密度

表观密度（体积密度）是材料在自然状态下，单位体积的质量（旧称容重）。测定材料的体积密度时，材料的质量可以是在任意含水状态下的，但需说明含水情况。通常所指的体积密度是材料在气干状态下的，称为气干表观密度（体积密度），简称表观密度（体积密度）。材料的体积密度除与材料的密度有关外，还与材料内部孔隙的体积有关，材料的孔隙率越大，则材料的体积密度越小。

（三）堆积密度

堆积密度是指粉块状材料在堆积状态下，单位体积的质量。

（四）密实度与孔隙率

密实度（D）：材料体积内被固体物质所充实的程度。

孔隙率（P）：材料中，孔隙体积所占整个体积的比例。

一般情况下，材料内部的孔隙率越大，则材料的体积密度、强度越小，耐磨性、抗冻性、抗渗性、耐腐蚀性、耐水性及其他耐久性越差，而保温性、吸声性、吸水性与吸湿性越强。上述性质不仅与材料的孔隙率有关，还与孔隙的开口形态（如开口孔隙、闭口孔隙、球型孔隙等）有关。

二、材料与水有关的性质

（一）亲水性与憎水性

当材料与水接触时，有些材料能被水润湿，这些材料具有亲水性；有些材料则不能被水润湿，这些材料具有憎水性。

（二）吸水性

吸水性是材料在水中吸收水分的性质。吸水性的大小用吸水率（W）表示。

表观密度小的材料，吸水性大。如木材的质量吸水率可大于 100%，普通黏土砖的吸水率为 8%~20%。吸水性的大小与材料本身的性质，以及孔隙率的大小、孔隙特征等有关。

（三）吸湿性

材料在潮湿空气中吸收水分的性质，称为吸湿性。吸湿性的大小用含水率表示。材料吸湿或干燥至空气湿度相平衡的含水率称为平衡含水率。材料在正常使用状态下，均处于平衡含水状态。

材料的吸湿性主要与材料的组成、孔隙含量，特别是毛细孔的特征有关，还与周围环境温度、湿度有关。

（四）耐水性

耐水性是指材料长期在饱和水作用下，保持其原有功能，同时抵抗破坏的能力。

不同的材料耐水性的表示方法也不同。对于结构材料，耐水性主要指强度变化；对于装饰材料则主要指颜色、光泽、外形等的变化，以及是否起泡、起层等。如建筑涂料的耐水性常以是否起泡、脱落等表示，而结构材料的耐水性用软化系数（材料在吸水饱和状态下的抗压强度与材料在绝干状态下的抗压强度之比）表示。

材料的软化系数 k_p 通常为 0 ~1.0。$k_p \geq 0.85$ 的材料称为耐水性材料。经常受到潮湿或水作用的结构，须选用 $k_p \geq 0.75$ 的材料，重要结构须选用 $k_p \geq 0.85$ 的材料。一般材料随着含水量的增大，会减弱其内部结合力，强度都有不同程度的降低，即使致密的石材也不能完全避免这种影响，例如花岗石长期浸泡在水中，强度将下降 3%，而烧结普通砖和木材所受影响更为显著。

（五）抗冻性

抗冻性是指材料在吸水饱和状态下，抵抗多次冻融循环，保持其原有的性能、抵抗破坏的能力。

材料在 −15 ℃以下时毛细孔中的水结冰，体积约增大 9%，对孔壁产生很大的压力，而融化时由外向内逐层进行，方向与冻结时相反，在内外层之间形成压力差和温度差，使材料出现脱屑剥落成裂缝，强度也逐渐降低。材料的抗冻性用抗冻等级 F_n 表示，如 F_{15} 表示能经受 15 次冻融循环而不破坏。

材料孔隙率和开口孔率（特别是开口孔隙率），越大则材料的抗冻性越差。材料孔隙中的充水程度越高，则材料的抗冻性越差。对于受冻材料，吸水饱和状态是最不利的状态。例如，陶瓷材料吸水饱和受冻后，最易出现脱落、掉皮等现象。

（六）抗渗性

抗渗性是材料抵抗压力水渗透的性质，称为抗渗性。

三、材料与热有关的性质

（一）导热性

导热性是指热量由材料的一面传至另一面的性质。

一般认为，金属材料的导热系数大于非金属材料；无机材料的导热系数大于有机材料；晶体材料的导热系数较非晶体材料大。材料的孔隙率越大，导热系数越小，细小孔隙、闭口孔隙比粗大孔隙、开口孔隙对降低导热系数更为有利，这是因为减少或降低了对流传热；材料含水或含冰时，会使导热系数急剧增大。

导热系数的大小取决于材料的组成、孔隙率、孔隙尺寸和孔隙特征及含水率等。

（二）耐燃性与耐火性

1. 耐燃性

材料抵抗燃烧的性质称为耐燃性。耐燃性是影响建筑物防火和耐火等级的重要因素，《建筑内部装修设计防火规范》GB 50222—2017 给出了常用建筑装饰材料的燃烧等级。材料在燃烧时放出的烟气和毒气对人体危害极大，远远超过火灾本身。因此，建筑内部装修时，应尽量避免使用燃烧会释放出大量浓烟和有毒气体的装饰材料。GB 50222—2017 对用于建筑物内部各部位的建筑装饰材料的燃烧等级做了严格的规定，见表 2-1。

表 2-1 常用建筑内部装饰材料的燃烧性能等级划分 GB 50222—2017

材料类别	级别	材料举例
各部位材料	A	花岗石、大理石、水磨石、水泥制品、混凝土制品、石膏板、石灰制品、黏土制品、玻璃、陶瓷锦砖（马赛克）、钢铁、铝、铝合金等
顶棚材料	B1	纸面石膏板、纤维石膏板、水泥刨花板、矿棉装饰吸声板、玻璃棉装饰吸声板、珍珠岩装饰吸声板、难燃烧胶合板、难燃烧中密度纤维板、岩棉装饰板、难燃木材、铝箔复合材料、难燃酚醛胶合板、铝箔玻璃钢复合材料等
墙面材料	B1	纸面石膏板、纤维石膏板、水泥刨花板、矿棉板、玻璃棉板、珍珠岩板、难燃胶合板、难燃烧中密度纤维板、防火塑料装饰板、难燃双面刨花板、多彩材料、难燃墙纸、难燃墙布、难燃花岗岩装饰板、难燃玻璃钢平板、PVC 塑料护墙板、轻质高强复合墙板、阻燃模压木制复合板材、彩色阻燃人造板、难燃玻璃钢等
	B2	各类天然木材、木质人造板、竹材、纸质装饰板、装饰微薄木贴面板、印刷木纹人造板、塑料贴面装饰板、聚酯装饰板、复塑装饰板、塑纤板、无纺布墙布、墙布、复合壁纸、天然材料壁纸、人造革等
地面材料	B1	硬质 PVC 塑料地板、水泥刨花板、水泥木丝板等
	B2	半硬质 PVC 塑料地板、PVC 卷材地板、木地板等
装饰织物	B1	经阻燃处理的各类难燃织物等
	B2	纯毛装饰布、纯麻装饰布、经阻燃处理的其他织物等
其他装饰材料	B1	酚醛塑料、聚碳酸酯塑料、脲醛塑料、硅树塑料装饰型材、经阻燃处理的各类织物等。另外顶棚材料和墙面材料中的有关材料
	B2	经阻燃处理的聚乙烯、聚丙烯、聚氨酯、聚丙乙烯、玻璃钢、化纤织物、木制品等

注：① 安装在钢龙骨上的纸面石膏板，可作为 A 级装饰材料使用；

② 当胶合板表面涂覆一级饰面型防火涂料时，作为 B1 级装饰材料使用；

③ 密度小于 300 kg/m^3 的纸质、布质壁纸，当直接粘贴在 A 级基材上时，可作为 B1 级装饰材料使用；

④ 施涂于 A 级基材上的无机装饰涂料，可作为 A 级装饰涂料使用。施涂于 A 级基材上，施涂覆比小于 1.5 kg/m^2 的有机装饰涂料，可作为 B1 级装饰材料使用；施涂于 B1、B2 级基材上时，应连同基材一起通过实验确定其燃烧等级；

⑤ 其他装饰材料是指窗帘、帷幕、床罩、家具包布等。

另外，国家规定下列建筑或部位室内装修宜采用非燃烧材料或难燃材料：

（1）高级宾馆的客房及公共活动用房；

（2）演播室、录音室及电化教室；

(3) 大型、中型电子计算机房。

2. 耐火性

耐火性是指材料抵抗高热或火的作用，保持其原有性质的能力。金属材料、玻璃等虽属于不燃性材料，但在高温或火的作用下短时间内就会变形、熔融，因而不属于耐火材料。建筑材料或构件的耐火极限通常用时间表示，即按规定方法，从材料受到火的作用时间起，直到材料失去支持能力、完整性被破坏或失去隔火作用的时间，以 h 或 min 计，如无保护层的钢柱，其耐火极限仅有 0.25 h。

(三) 耐急冷急热性

材料抵抗急冷急热的交替作用，并能保持其原有性质的能力，称为材料的耐急冷急热性，又称材料的抗热震性或热稳定性。

许多无机非金属材料在急冷急热交替作用下，易产生巨大的温度应力而使材料开裂或炸裂破坏，如瓷砖、釉面砖等。

四、材料与声学有关的性质

(一) 吸声性

吸声性——材料在空气中能够吸声的能力。当声波传播到材料的表面时，一部分声波被反射，另一部分穿透材料，其余部分则传递给材料。对于含有大量开口孔隙的多孔材料，传递给材料的声能在材料的孔隙中引起空气分了与孔壁的摩擦和黏滞阻力，使相当部分的声能转化为热能而被吸收或消耗掉；对于含有大量封闭孔隙的柔性多孔材料（如聚氯乙烯泡沫塑料制品）传递给材料的声能在空气振动的作用下孔壁也产生振动，使声能在振动时因克服内部摩擦而被消耗掉。

对于多孔吸声材料，其吸声效果与下列因素有关：

(1) 材料的体积密度。对于同一种多孔材料，其体积密度增大，低频吸声效果提高，而高频吸声效果降低。

(2) 材料的厚度。厚度增加，低频吸声效果提高，而对高频影响不大。

(3) 材料的孔隙特征。孔隙越多越细小，吸声效果越好；若孔隙太大，则效果差。需要指出的是，许多吸声材料与绝热材料材质相同，且都属多孔结构，但对孔隙特征的要求不同。绝热材料要求孔隙封闭，不相连通，这种孔隙越多，其绝热性能越好。而吸声材料则要求气孔开放，互相连通，这种气孔越多，吸声性能越好。

(二) 隔声性

声波在建筑结构中的传播主要通过空气声和固体来实现，因而隔声分为隔空气声和隔固体声。

1. 隔空气声

对于均质材料，隔声量符合“质量定律”，即材料单位面积的质量越大或材料的体积密度越大，隔声效果越好，轻质材料的质量较小，隔声性较密实材料差。

2. 隔固体声

固体声是由于振源撞击固体材料，引起固体材料受迫振动而发声，并向四周辐射声能。固体声在传播过程中，声能的衰减极少。弹性材料如木板、地毯、壁布、橡胶片等具有较强的隔固体声能力。

五、材料的力学性质

（一）材料的强度

材料在外力作用下抵抗破坏的能力，称为材料的强度。建筑装饰材料受外力作用时，内部就产生应力。外力增加，应力相应增大，直至材料内部质点结合力不足以抵抗所作用的外力时，材料即发生破坏，此时的应力值就是材料的强度，也称极限强度。根据外力作用形式不同，建筑装饰材料的强度有抗压强度、抗拉强度、抗弯强度及抗剪强度，还有断裂强度、剥离强度、抗冲击强度、耐磨性等。

（二）强度等级、标号、比强度

对于以强度为主要指标的材料，通常按材料强度值的高低划分成若干等级，称为强度等级（如混凝土、砂浆等用“强度等级”表示）。有的材料则用“标号”表示（如水泥等），标号是指材料实用的经济技术指标，标号的大小根据强度值确定。脆性材料主要以抗压强度划分，塑性材料和韧性材料主要以抗拉强度划分。比强度是材料强度与质量密度的比值。比强度是衡量材料轻质高强性能的一项重要指标，比强度越大，则材料的轻质高强性能越好。

（三）硬度与耐磨性

1. 硬度

硬度是材料抵抗较硬物体压入或刻划的能力。硬度的表示方法有布氏硬度（HBS、HBW）、肖氏硬度（HS）、洛氏硬度（HR）、韦氏硬度（HV）、邵氏硬度（HD、HA）和莫氏硬度等。

布氏硬度、肖氏硬度、洛氏硬度、韦氏硬度——钢球压入法测定试样，钢材、木材、混凝土、矿物材料等多采用此法，但石材有时也用刻划法（又称莫氏硬度）测定。

邵氏硬度——用压针法测定试样，非金属材料及矿物材料一般用此方法测定。

2. 耐磨性

耐磨性是指材料表面抵抗磨损的能力。耐磨性用磨损率（N）表示。

材料的耐磨性与硬度、强度及内部构造有关，材料的硬度越大，则材料的耐磨性越强。地面、路面、楼梯踏步及其他受较强磨损作用的部位等，需选用具有较高硬度和耐磨性的材料。

（四）弹性、塑性

1. 弹性

材料在外力作用下产生变形，外力取消后变形即消失，材料能够完全恢复到原来形状的性质，称为材料的弹性。这种完全恢复的变形，称为弹性变形。

2. 塑性

在外力作用下材料产生变形，在外力取消后，有一部分变形不能恢复，这种性质称为材料的塑性。这种不能恢复的变形，称为塑性变形。

钢材在弹性极限内接近于完全弹性材料，其他建筑材料多为非完全弹性材料。

（五）脆性与韧性

1. 脆性

脆性是指材料受力达到一定程度后突然破坏，而破坏时并无明显塑性变形的性质。其特点是材料在接近破坏时，变形仍很小。混凝土、玻璃砖、石材及陶瓷等属于脆性材料。它们抵抗冲击作用的能力差，但是抗压强度较高。

2. 韧性

韧性是指材料在冲击、震动荷载的作用下，材料能够吸收较大的能量，同时也能产生一定的变形而不致破坏的性质。对用作桥梁地面、路面及吊车梁等材料，都要求具有较高的抗冲击韧性。

六、材料的耐久性

（一）耐久性

材料长期抵抗各种内外破坏因素或腐蚀介质的作用，保持其原有性质的能力称为材料的耐久性。材料的耐久性是材料的一项综合性质，一般包括有耐磨性、耐擦洗性、耐水性、耐热性、耐光性、抗渗性、抗老化性、耐溶蚀性、耐沾污性等。材料的组成和性质不同，工程的重要性及所处环境不同，则对材料耐久性项目的要求及耐久性年限的要求也不同。例如，潮湿环境的建筑物要求装饰材料具有一定的耐水性；北方地区的建筑物外墙用装饰材料须具有一定的抗冻性；地面用装饰材料须具有一定的硬度和耐磨性等。

耐久性寿命的长短是相对的，如对花岗石要求其耐久性寿命为数十年至数百年以上，而对质量好的外墙涂料则要求其耐久性寿命为10 ~15年。

（二）影响耐久性的主要因素

1．外部因素

外部因素是影响耐久性的主要因素，外部因素主要有：

（1）化学作用，包括各种酸、碱、盐及其水溶液，各种腐蚀性气体，对材料具有化学腐蚀作用。

（2）物理作用，包括光、热、电、温度差、湿度差、干湿循环、冻融循环、溶解等，可使材料的结构发生变化，如内部产生微裂纹或孔隙率增加。

（3）生物作用，包括菌类、昆虫等，可使材料产生腐朽、虫蛀等而被破坏。

（4）机械作用，包括冲击，疲劳荷载，各种气体、液体及固体引起的磨损与磨耗等。

实际工程中，材料受到的外界破坏因素往往是两种以上因素同时作用。金属材料常由化学和电化学作用引起腐蚀和破坏；无机非金属材料常由化学作用、溶解、冻融、风蚀、温差、湿差、摩擦等其中某些因素或综合作用而引起破坏；有机材料常由生物作用、溶解、化学腐蚀、光、热、电等作用而引起破坏。

2．内部因素

内部因素也是造成装饰材料耐久性下降的根本原因。内部因素主要包括材料的组成、结构与性质。当材料的组成易溶于水或其他液体，或易与其他物质产生化学反应时，则材料的耐水性、耐化学腐蚀性较差；无机非金属脆性材料在温度剧变时，易产生开裂，即耐急冷急热性差；晶体材料较同组成非晶体材料的化学稳定性高开口孔隙率较大时，则材料的耐久性往往较差。

左零右火 上火下零

抛光砖(玻化砖)
厚度12mm

第三章 材料的美感体现

现代的室内设计要求越来越高，室内效果的表现不只是材料的简单堆砌与组合，而是要从材料的功能、美感、质地等多方面考虑，从而更好地满足使用者的需求。

第一节 材料的色彩美

一、材料的色彩美感

色彩是视觉的第一语言，色彩的表现是以材料为载体来表达情结，传递感情，成为影响人的生理和心理变化的重要因素。

材料的色彩美分为：

（1）“自然美”——材料所具备的天然色彩特征与美感，如天然石材（见图3-1）、木材、竹材、黏土、秸秆等。

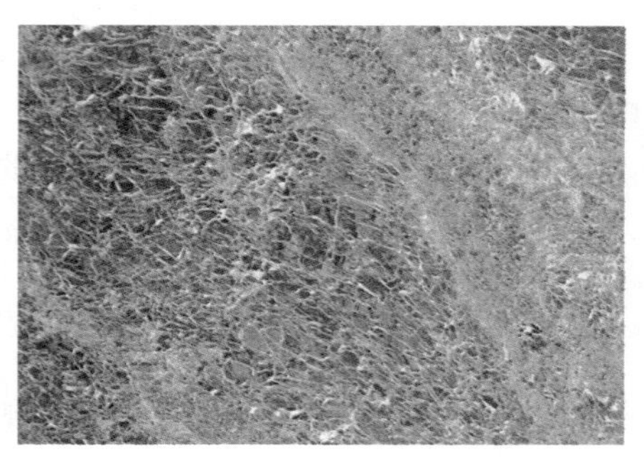

图3-1 花岗岩

（2）“机械美”——成品材料所具有的色彩。在表现中也无须经过后期色彩的加工和处理而具有的“机械美”，如木制品或金属表面涂装、纤维布染色、刻瓷彩绘砖（见图3-2）、磨砂玻璃、铝板彩色喷涂等。

图 3-2　刻瓷彩绘砖

在空间中材料并不是独立存在的，是和周围的环境相协调的，因而在设计中要注意运用色彩规律，在材料的组合与搭配中充分体现材料的色彩魅力。

二、色彩的情感效应

色彩不单是一种美学元素，更是一种情感因素。因此，色彩的表现不仅可以调节空间变化，创造空间意境，而且具有容易打动感觉的特点。无论大人还是小孩，对色彩都会有着相似的、积极的或消极的情感反应。

红、橙、黄暖色系统的颜色属于积极的具有活力和温暖感的感觉色。明度和彩度的高低也会引起不同的生理和心理上的变化。

明度高的颜色：给人以开朗、坦然和柔软之感。

明度低的颜色：给人以稳重、深沉和坚实之感。

彩度高的颜色：给人以强烈的视觉刺激效能。

彩度低的颜色：给人以稳定或镇静之感。

在黄绿、绿和紫、紫红中性色系统的颜色中，绿色属于充满生机的感觉色，表示年轻、健康、环保、和平和安定。

青绿、青、青紫（蓝）冷色系统的颜色，属于清凉、忧伤或神秘的感觉色，并具有收缩和缓慢感。

当明度和彩度发生变化时，人的感觉也会有所变化。

明度低的颜色：给人以低沉和忧伤之感。

彩度高的颜色：给人以新奇和浪漫之感。

彩度低的颜色：给人以脆弱和纯朴之感。

在黑白两极和黑白组合的灰色系统的颜色中，黑色表示高雅、幽静和失望，白色表示简洁、洁净、明快和神圣。

第二节　材料的质感美

材质是材料本身的结构与组织，属材料的自然属性。材料材质被视觉和触觉感受后经大脑综合处理产生的一种对材料特性的感觉和印象称为质感。它包括材料的肌理、质地和形态等几个方面。质感可分为自然质感和人工质感。材料的自然质感是材料本身具有的质感，而材料的人工质感则是通过一定的加工手段和处理方法而获得的质感。

一、材料的肌理美

肌理是指材料本身的肌体形态和表面纹理。肌理是质感的形式要素，是物体材料的几何细部特征。

肌理又分为视觉肌理和触觉肌理。材料表面的配列、组织构造不同，从而使人通过触摸而获得触觉质感和通过观看而获得视觉质感。

肌理是反映材料表面的形象特征，使材料的质感体现得更加具体、形象。其内涵包括：形、色、质、干湿、粗细、软硬、有纹理和无纹理、有光泽和无光泽、有规律和无规律、透明与半透明或不透明等感觉因素。

肌理的构成形态有颗粒状、块状、线状、网状等。

材料的肌理美，一是产生于材料内部的天然构造，其表现特征各具特色，如木材类的针叶树材（松、柏、杉等）（见图 3-3），表面较粗犷，纹理通直、平顺；阔叶树材，表面细密，纹理自然美观、变化丰富、各具特色。天然石材具有粗犷的表面和多变的层状结构，通过研磨、抛光后表面光亮如镜，各种天然的纹理呈现出来（见图 3-4）。二是在成品基材的表面上加工处理而形成，如经过喷涂、蚀刻或磨砂的金属板（铝、铜、铝合金和不锈钢板）和喷砂玻璃表面形成细密而均匀的点状“二次肌理”，以及在大理石、花岗石上经剁斧、凿锤的表面为粗糙的颗粒状或条纹状肌理（见图 3-5）。另外，运用现代生产技术而直接成型的各种凹凸肌理的材料，如陶瓷面砖、玻璃砖、各种织物、地毯、壁纸等（见图 3-6），成为现代室内设计材料的重要的美感因素。

图 3-3　石材肌理

图 3-4　木材肌理

图 3-5　线状肌理

图 3-6　织物肌理

同一材料相同肌理或相似肌理的表现，不同材料不同肌理的对比表现，增强了材料在表现中的感染力，更符合现代人的审美要求。

二、材料的质地美

“肌理”是质感的形式要素，即物面的几何细部特征，而“质地”是质感的内容要素，即物面的理化类别特征。材料的质地有自然质地〔如石材质地（见图 3-7）、木材质地、竹材质地等〕和人工质地（如金属质地、陶瓷质地和玻璃质地、塑料质地、织物质地等）。

图 3-7　石块质地

自然质地：由物体的成分、化学特性等构成的自然物面（见图 3-8）。

图 3-8　沙滩质地

人工质地：人有目的地对物体的自然表面进行技术性和艺术性加工处理后所形成的物面。例如，陶瓷质地（见图 3-9）。

图 3-9　陶瓷质地

不同材料的质地给人以不同的视觉、触觉和心理感受。石材质地坚固、凝重；木质、竹质材料给人以亲切、柔和、温暖的感觉；金属质地不仅坚硬牢固、张力强大、冷漠，而且美观新颖、高贵，具有强烈的时代感；纺织纤维品（如毛麻、丝绒、锦缎）与皮革质地给人以柔软、舒适、豪华典雅之感；玻璃有一种洁净、明亮和通透之感。

不同材料的材质决定了材料的独特性和相互间的差异性。在材料的表现中，利用材料质地的独特性和差异性创造富有个性的室内空间环境。

在室内空间界面和空间内物体的表现中，应恰当地选择和利用材料，使材料的材质美感得到充分的体现，从而创造既舒适、和谐，又具有独特个性的室内空间环境，如图3-10所示。

图3-10　室内空间环境

第二篇　室内装饰材料

建筑材料是指用于建筑工程中所有材料的总称。它不仅包括构成建筑物的材料，而且包括在建筑工程施工中的一些辅助性材料。狭义上建筑材料是指组成建筑物的材料。建筑装饰的整体效果和建筑装饰功能的实现，在一定程度上受到建筑装饰材料的制约。因此，熟悉掌握各种装饰材料的性能、特点，按照建筑物及使用环境条件，合理地选择装饰材料，才能物尽其用，更好地表达设计意图。

第四章 石材装饰材料

石材是既古老又现代的材质，具有独特的质感、美丽的色泽和优异的自然纹理。装饰石材分为天然石材和人造石材两种。天然装饰石材采用天然岩石经加工而成，其强度高、装饰性好、耐久、来源广泛，是人类自古以来广泛采用的建筑和装饰材料。近代发展起来的人造石材，无论装饰效果还是技术性能都显示了其优越性，成为一种新型饰面材料，适用于人流量大，清洁要求高或经常受潮的室内楼地面。

第一节 石材的基本知识

一、造岩矿物

矿物是地壳中的化学元素在一定的地质条件下形成的具有一定化学成分和一定结构特征的天然化合物和单质的总称。岩石是矿物的集合体，组成天然岩石的矿物称为造岩矿物。已发现的矿物有 3 300 多种，主要造岩矿物有 30 多种。造岩矿物的性质及含量对岩石的性质起着决定性作用。建筑装饰工程中常用岩石的主要造岩矿物见表 4-1 。

表 4-1　建筑装饰工程中常用岩石的主要造岩矿物

图例	矿物名称	矿物特性
	石英	结晶的二氧化硅（SiO_2），密度为 2.65 g/cm^3，莫氏硬度（刻划硬度）为 7，无色透明至乳白色，强度高，坚硬，耐久，呈玻璃光泽，良好的化学稳定性。在受热至 573 ℃以上时，因发生晶体转变，会产生开裂现象
	长石	钾、钠、钙等的铝硅酸盐一类矿物的总称。包括正长石、斜长石等。密度为 2.5～2.7 g/cm^3，莫氏硬度为 6；呈白、灰、红、青等不同颜色；坚硬，强度高，但耐久性不如石英，在大气中长期风化后成为高岭土。长石是火成岩中含量最多的造岩矿物，常含 60% 以上
	角闪石、辉石、橄榄石	铁、镁、钙等硅酸盐的晶体。密度为 3～4 g/cm^3，莫氏硬度为 5～7，呈深绿、棕或黑色，称暗色矿物。坚硬，强度高，耐久性好，韧性大，具有良好的开光性
	云母	含水的钾、铁、镁的铝硅酸盐片状晶体。密度为 2.7～3.1 g/cm^3，莫氏硬度为 2～3；具有无色透明、白、黄、黑各种颜色；呈玻璃光泽，存在于岩石中影响耐久性和开光性，为岩石中的有害矿物。白云母较黑云母耐久，黑云母风化后形成蛭石，为一种轻质保温材料
	方解石	结晶的碳酸钙（$CaCO_3$），密度为 2.7 g/cm^3，莫氏硬度为 3，通常呈白色；强度高，硬度不大，开光性好，耐久性仅次于石英、长石；易被酸分解，易溶于含二氧化碳的水
	白云石	碳破钙和碳酸镁的复盐晶体（$CaCO_3 \cdot MgCO_3$），密度为 2.9 g/cm^3，莫氏硬度为 4，呈白色或灰白色，性质与方解石相似，强度稍高，耐酸腐蚀性略高于方解石
	黄铁矿	二硫化铁（FeS_2）晶体，密度为 5 g/cm^3，莫氏硬度为 6～7，呈黄色，但条痕呈黑色，耐久性差，在空气中易气化成游离的硫酸及氧化铁，体积膨胀，产生锈迹。污染岩石，是岩石中常见的有害杂质

岩石的性质与矿物的组成成分有密切关系。由石英、长石组成的岩石，其硬度高、耐磨性好（如花岗岩、石英岩等）；由白云石、方解石组成的岩石，其硬度低、耐磨性较差（如石灰岩、白云岩等）。

二、常用岩石的分类

（一）按地质形成条件分类

1. 火成岩

火成岩（见图 4-1）由地壳内部熔融岩浆上升冷却而成，又称岩浆岩，是地壳中主要的岩石，约占其总量的 89%。根据成岩深度的不同，火成岩分为深成岩、浅成岩、喷出岩和火山岩。

深成岩——岩浆在地表深处缓慢冷却结晶而成的岩石。其结构致密、晶粒粗大、密度大、抗压强度高、吸水性小、耐久性高，属于该类的岩石有花岗岩、辉长岩、闪长岩等。

浅成岩——岩浆在地表浅处冷却结晶而成的岩石，其性质与深成岩相似，但由于冷却较快，故晶粒较小，如辉绿岩。

喷出岩——岩浆流出地表急速冷却凝固而成的岩石。由于冷却迅速，大部分结晶不完全，形成隐晶质结构和玻璃质结构，如玄武岩、安山岩。该种岩石若形成较厚的岩层，则多为致密构造；当形成的岩层较薄时，常呈多孔构造。喷出岩硬度大，抗压强度高，但韧性较差，性脆。

火山岩——岩浆被喷到空中，急速冷却落下而形成的岩石。因喷到空气中急速冷却而成，故岩石内部含有较多的气孔，多数为玻璃质，化学活性较高。火山岩直接用于装饰工程的不多，主要用作轻骨料混凝土和砂浆的骨料，如浮石（见图 4-2）。

图 4-1　火成岩

图 4-2　浮石

2. 沉积岩

沉积岩是露出地表的各种岩石（火成岩、变质岩或早期形成的沉积岩）在外力地质作用下经风化、搬运、沉积，在地表或距地表不太深处经压固、胶结、重结晶等成岩作用而形成的岩石。沉积岩虽在地壳中只占总重量的 3% ，但分布却占岩石分布总面积的 75% ，是地表分布最广的一种岩石。按沉积物颗粒的大小，沉积岩可分为砾岩、砂岩和页岩。

沉积岩的主要特征——呈层状构造。

各层岩石的成分、构造、颜色均不同，且各向异性。与深成火成岩比较，沉积岩体积密度小，孔隙率和吸水率较大，强度和耐久性较差。

3. 变质岩

变质岩是地壳中的原有岩石（火成岩、沉积岩或早期生成的变质岩），由于岩浆的活动及地质构造运动的影响（高温、高压），在固体状态下发生再结晶作用而形成的岩石。在形成的过程中，岩石的矿物成分、结构、构造以至化学成分部分或全部发生了改变。常用的变质岩有大理岩、石英岩、片麻岩等，如图 4-3 所示。

图 4-3　变质岩

（二）按石材的力学性能分类

① 不承受任何机械载荷的内墙装饰薄型板材，可同时减轻墙的承重，厚度一般为 15 ~18 mm，安装方便、省力。

② 承受一定载荷的铺地和外墙板材，其厚度为 20 ~40 mm，同时具有耐磨性好、抗冲击力强等较高的物理力学性能。

③ 用于大型纪念碑、塔、柱、环境雕塑等自身承重的石材，具有一定要求的体积感。

（三）按石材的性能和使用范围分类

1. 用于内墙的大理石

大理石多数结构致密，坚韧细腻。硬度适中，有一定的韧性和碎性，但耐磨、耐晒、耐寒、耐风雨性能不够强，故不宜用于室外墙面和行人过多的公共场所的室内地面。

2. 用于内外墙和地面的花岗石

花岗石属酸性岩石，极耐酸性腐蚀。结构均匀密实，质地坚硬，耐磨、耐压、耐火及耐大气中的化学侵蚀。某些花岗石含有微量放射性元素氡，氡的含量按红色、肉红色、灰色、白色、黑色依次递减。花岗石的放射性强于大理石，不宜用于居室、医院病房和长时间工作的办公室等地面铺设。

（四）按石材的外观形态和表面特征分类

1. 按石材的外观形态分类

（1）板材（见图 4-4）

板材包括规则形状的墙面、柱面、地面、家具等饰面板材，以及不规则形状的边角贴面板料和地面拼花。

图 4-4　板材

（2）线材（见图 4-5）

线材包括直线材和曲线材，常用于楼梯扶手、腰线、踢脚线、花台、服务总台和吧台等家具装饰线。

（3）体材

体材包括规则的柱、碑、门牌、栏杆等几何体材和不规则的环境雕塑、园林装饰等异形体材。

图 4-5　线材

2. 按石材的表面特征分类

石材按表面特征可分为研磨、抛光、锤凿等加工饰面板和表面光洁、圆滑的鹅卵石，以及表面自然粗犷，且有凹凸不平的层状和点状结构的文化石。

第二节　天然大理石

一、大理石的概念和特点

大理石（大理岩的俗称）是石灰岩或白云岩经高温、高压的地质作用重新结晶而成的变质岩，属于副变质岩（指结构、构造及性能优于变质前的变质岩）。建筑装饰工程上所指的大理石是广义的，除指大理岩外，还泛指具有装饰功能，可以磨平、抛光的各种碳酸盐类的沉积岩和与其有关的变质岩，如石灰岩、白云岩、砂岩、灰岩等。大理石常用于高级建筑的装饰饰面工程，如栏杆、踏步、台面、墙柱面、装饰雕刻制品等。大理石的具体性能见表 4-2。

表 4-2　大理石性能指标

密度/（kg/m^3）	抗压强度/MPa	抗折强度/MPa	抗剪强度/MPa	莫氏硬度	吸水率	耐用年限/年	光泽度
2 600 ~ 2 800	60 ~ 180	7.5 ~ 24	18	3 ~ 4	< 1%	150	45 ~ 95

纯大理岩构造致密，密度大但硬度不大，易于分割、雕琢和磨光。纯大理岩为雪白色，多数大理石是两种或两种以上成分混杂在一起，因成分复杂，所以颜色变化较多，深浅不一，有多种光泽，形成大理石独特的天然美。大理岩的颜色、光泽与所含成分间的关系见表 4-3 和表 4-4。

表 4-3　大理岩的颜色与所含成分关系

颜色	白色	紫色	黑色	绿色	黄色	红褐色、紫红色、棕黄色	无色透明
所含成分	碳酸钙、碳酸镁	锰	碳或沥青物	钴化物	铬化物	锰及氧化铁的水化物	石英

表 4-4　大理岩光泽与所含成分的关系

光泽	金黄色	暗红	蜡状	石棉	玻璃	丝绢	珍珠	脂肪
所含成分	黄铁矿	赤铁矿	蛇纹岩等混合物	石棉	石英、长石、白云石	纤维状矿物质、石膏	云母	滑石

大理石含有较多的碳酸盐类矿物，在大气中受硫化物及水气的作用，容易发生腐蚀。城市工业所产生的 SiO_2 与空气中是水分接触生成酸雨，与大理石中的方解石反应，生成二水硫酸钙（二水石膏），体积膨胀，从而造成大理石表面强度降低、变色、掉粉，很快失去光泽，影响其装饰性能。各色大理石中，暗红色、红色最不稳定，绿色次之。除少数白色大理石，如汉白玉、艾叶青等质纯、杂质少、较稳定耐久的品种可用于室外，绝大多数大理石品种只适合室内。

二、大理石的主要品种

我国大理石矿产资源极为丰富。天然大理石储藏量达 17 亿 m^3，花色品种达到商业应用价值的有 400 多个，新的品种还在不断被开发。

大理石的纹理是在形成过程中局部堆积物产生的，有斑点纹、条纹、网纹、水波纹、云纹或几种纹理混合。大理石主要品种及其花纹特征见表 4-5。

表 4-5　大理石主要品种及其花纹特征

品名	图例	花纹特征及用途
金线米黄		底色为米黄色，带有自然的金线纹路，装饰效果出众，耐久性差些，做地面时间长了容易变色，建议用作墙面，施工宜用白水泥

续表

品名	图例	花纹特征及用途
黑白根		黑色致密结构，带有白色筋络，光度好，耐久性、抗冻性、耐磨性、硬度在质量指标上达国际标准，可用于地面、台面、墙面的装饰
啡网		分为深色、浅色、金色等几种，纹理强烈、明显，具有复古感，价格比较贵，多产于土耳其。可用于门套、墙面、地面、台面的装饰
紫罗兰		花纹明显，大片紫红色块之间夹杂着或纯白或翠绿的线条，形似国画中的梅枝招展，装饰效果色调高雅、气派。可用于门套、窗套、地面、梯步等的装饰
爵士白		颜色肃静，纹理独特，更有特殊的山水纹路，有着良好的装饰性能，具有良好的加工性、隔音性和隔热性。质地较软，吸水率相对较高。可用作墙面、地面、门套、台面等的装饰
莎安娜米黄		底纹为米黄色，有白花，光度好，难以胶补，最怕裂纹；不含辐射，色泽艳丽、色彩丰富；具有优良的加工性能，耐磨性能良好，不易老化，其使用寿命一般为 50 ~ 80 年。可用于地面、墙面等的装饰
黑金花		深啡色底带有金色花朵，是大理石中的王者，有较高的抗压强度和良好的物理性能，易加工，进口板优于国产板。主要应用于室内墙面、地面、台面、门套、壁炉等的装饰
木化石		厚度薄、重量轻。高强度，选色容易，安装方便，耐高低温性能好，吸水性低，不适用于卫生间及地面装饰

品名	图例	花纹特征及用途
大花绿		板面呈深绿色，有白色条纹，组织细密、坚实、耐风化、色彩对比鲜明，质地硬，密度大，进口板优于国内生产的板，但国内进口板比较少。可用作墙面、地面、台面等的装饰
旧米黄		带有米黄色层次的花纹，板底色是米黄色，带有暗色的云朵状纹路，风格淡雅。它是一款很适合于室内装修用的石材，可以大面积用在地面或墙面、台面、门窗套等
蒂诺米黄		带有明显层理纹，底色为褐黄色，色彩柔和、温润。表面层次强烈，纹理自然流畅，风格淡雅。不适合用在卫浴间，可用于墙面、地面、台面及门窗套等
银白龙		黑白分明，形态优美，高雅华贵，花纹具有层次感和艺术感，有极高的欣赏价值，原产地为广西。可用于墙面、地面、台面及门窗套等
银狐		进口板材，产于意大利。白底，带有不规则纹理，花纹十分有特点，颜色淡雅，吸水性强，不适合作为地材或者用于卫浴间中
波斯灰		色调柔和雅致、华贵大方，极具古典美与皇室风范，抛光后晶莹剔透，石肌纹理流畅自然，不同于一般的灰色大理石，表面没有光度感结构，其结构色彩丰富，色泽清润细腻

闻名的大理石品种：北京房山汉白玉，云南大理的苍山白，广西的桂林黑，辽宁铁岭的东北红，山东莱阳的莱阳绿，河南淅川的松香黄和米黄，杭州的杭灰，云南大理的云灰，衢州的雪夜梅花，云南的春花和秋花。

三、天然大理石板材的规格、等级和标记

1. 板材规格

天然大理石板材规格分为定型和非定型两类。定型板材为正方形或矩形，常见规格

有 600 cm×600 cm，800 cm×800 cm，1200 cm×1200 cm 等；非定型板材的规格由设计或施工部门与生产厂家商订，包括精磨边、启槽、钻孔等加工。

国际和国内板材的通用厚度为 20 mm。随着石材加工工艺不断改进，厚度较小的板材也开始应用于装饰工程，常见的有 10 mm，8 mm，7 mm 等，亦称为薄板。

2. 等级和标记

根据《天然大理石建筑板材》（GB/T 19766—2016），天然大理石板材按板材的规格尺寸允许偏差、外观质量、镜面光泽度，分为优等品（A）、一等品（B）、合格品（C）3 个等级。

行业标准《天然大理石建筑板材》(GB/T 19766—2016) 对大理石板材的命名和标记方法所做了规定。

板材命名顺序：荒料产地地名、花纹色调特征名称、大理石代号（M）。

板材的标记顺序：命名、分类（普型板材为 N，异型板材为 s）、规格尺寸、等级、标准号。

例如，北京房山白色大理石荒料生产的普型、规格尺寸为 600 cm×400 cm×20 cm 的一等品板材的命名和标记。

命名：房山汉白玉大理石。

标记：房山汉白玉(M)N 600×400×20 B GB/T 19766—2016。

四、大理石饰面板的技术要求

大理石饰面板的平整度、角度与尺寸公差，是影响表现质量的主要指标，必须符合国家标准。大理石饰面板的平整度偏差允许值见表 4-6，角度偏差允许值见表 4-7，面板尺寸偏差允许值见表 4-8。

表 4-6　大理石饰面板平整度偏差允许

平整长度/mm	最大偏差值/mm	
	一级品	二级品
<400	0.3	0.5
≥400	0.6	0.8
≥800	0.8	1.0
≥1 000	1.0	1.2

表 4-7　大理石饰面板角度偏差允许值

板材长度/mm	最大偏差值/mm		附注
	一级品	二级品	
<400	0.4	0.6	侧面不磨光的拼缝板材，正面与侧面的夹角不得大于90°
≥400	0.6	0.8	

表 4-8　大理石饰面板尺寸偏差允许值

产品类别名称	一级品			二级品		
	长/mm	宽/mm	厚/mm	长/mm	宽/mm	厚/mm
单面磨光板	0 -1	0 -1	+1 -2	0 -1.5	0 -1.5	-2 +3
双面磨光板	±1	±1	±1	+1 -2	+1 -2	+1 -2

不同等级的大理石板材的外观有所不同。大理石是天然形成的，缺陷在所难免，加工设备和量具的优劣也是造成板材缺陷的原因。按照国家标准，各等级的大理石板材都允许有一定的缺陷，见表 4-9。

表 4-9　大理石板外观质量要求

<table>
<tr><th>名称</th><th>规定内容</th><th>优等品</th><th>一等品</th><th>合格品</th></tr>
<tr><td>裂纹</td><td>长度超过 10 mm 的不允许条数（条）</td><td>0</td><td>不明显</td><td>有，不影响装饰效果</td></tr>
<tr><td>缺棱</td><td>长度不超过 8 mm，宽度不超过 1.5 mm，（长度≤4 mm，宽度≤1 mm 不计），每米长允许个数（个）</td><td rowspan="4">0</td><td rowspan="2">1</td><td rowspan="2">2</td></tr>
<tr><td>缺角</td><td>延板材边长顺延方向，长度≤3 mm，宽度≤3 mm（长度≤2 mm，宽度≤2 mm 不计），每块板允许个数（个）</td></tr>
<tr><td>色斑</td><td>面积不超过 6 cm^2（面积小于 2 cm^2 不计），每块板允许个数（个）</td><td rowspan="2">不明显</td><td rowspan="2">有，不影响装饰效果</td></tr>
<tr><td>砂眼</td><td>直径在 2 mm 以下</td></tr>
</table>

五、天然大理石板材的贮存和选用

天然大理石板材，表面光亮、细腻，易受污染和划伤，所以应注意在室内贮存，室外贮存时应加遮盖。存放时应按品种、规格、等级或工程部位分别码放。直立码放时，应光面相对，倾斜度不大于15°，层间加垫隔离，垛高不得超过1.5 m平放时，也应光面相对，地面须平整，垛高不得超过1.2 m。若为包装箱，码放高度不得超过2 m。

天然大理石板材是高级装饰工程的饰面材料。一般用于宾馆、展览馆、影剧院、商场、图书馆、机场、车站等建筑的室内墙面、柱面、服务台、样板、电梯间门口等部位。

由于其耐磨性相对较差，虽也可用于室内地面，但不宜用了人流较多场所的地面。大理石由于耐酸腐蚀能力较差，除个别品种外，一般只适用于室内。

第三节　天然花岗石

一、花岗石的概念和特点

花岗石是花岗岩的俗称，属于酸性结晶深成岩，主要矿物组成为长石、石英和少量云母，主要化学成分为 SiO_2，含量在 60% 以上。花岗石构造致密、强度高、密度大、吸水率极低、材质坚硬、耐磨，属硬石材。使用年限久，耐酸但不耐火，所含石英在高温下会发生晶变，体积膨胀而开裂。品质优良的花岗石，石英含量高、云母含量少、结晶颗粒分布均匀、纹理呈斑点状、有深浅层次，构成该类石材的独特效果，这也是从外观上区别花岗石和大理石的主要特征。花岗石的颜色主要由正长石的颜色和云母、暗色矿物的分布情况而定，常见的颜色有黑白、黄麻、灰色、红黑、红色等。花岗石特征见表 4-10。

表 4-10　花岗石性能指标

密度/（kg/m^3）	抗压强度/MPa	抗裂强度/MPa	抗折强度/MPa	吸水率	抗冻性	耐用年限/年
2 600～2 800	150～260	13～19	8.5～26	0.2%～1.7%	100～200 次冻融循环	150

二、花岗石的品种

从外观特征看，花岗石常呈整体均粒状结构，称为花岗结构，分为全晶质结构，有粗粒、中粒、细粒（分别称为伟晶、粗晶和细晶）、斑状等多种构造。表面也会呈现出不同的纹理，详见表 4-11。

表 4-11　花岗石花纹特征及用途

品名	图例	花纹特征及用途
印度红		色彩以红色居多，夹杂着花朵图案。结构致密，质地坚硬。耐酸碱，耐气候性好。一般用于地面、台阶、基座、踏步、檐口等处，多用于室外墙面、地面、柱面等的装饰
英国棕		主要为褐底红色色胆状结构，花纹均匀，色泽稳定，光度较好。根据颜色不同又分为深红、淡红、大花、小花等。硬度高不易加工，可作为台面、门窗套、墙面等的装饰
绿星	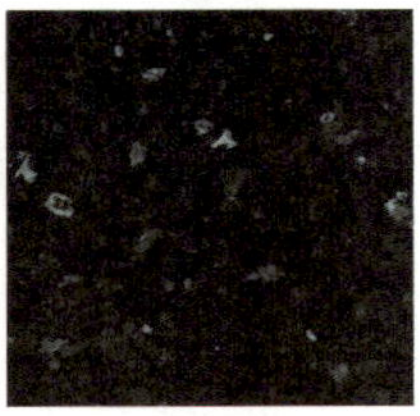	墨绿色，带有银晶片，花纹独特，可用于地面、墙承壁炉、台面板、背景墙等
蓝珍珠		深灰色，带有蓝色片状晶亮光彩，产量少，价格高，可用于地面、墙面、壁炉、台面板、背景墙等
黄金麻		品质优秀，表面光洁度高，无放射性，黄灰的一种，散布灰麻点。结构致密、质地坚硬、耐酸碱、耐气候性好，可以在室外长期使用。可用作建筑的内外墙壁、地面、台面等的装饰
芝麻灰		世界上最著名的花岗岩石种之一，储量丰富，是一种在国内和国际市场上都非常受设计师和消费者青睐的花岗岩。岩属于全晶质，颗粒结构，块状构造，矿石呈灰黑色或是芝麻灰色
山西黑		又称帝王黑、太白青等，是世界上最黑的花岗石。结晶质细粒结构，块状构造。储量多，硬度强，结构均匀，光泽度高，纯黑发亮、质感温润雍容

续表

品名	图例	花纹特征及用途
金钻麻		花色有大花和小花之分，底色有黑底、红底、黄底。易加工，材质较软。可用于地面、墙面、壁炉、台面板、背景墙等的制作
珍珠白		一种白色的花岗岩石，较为稀见，其矿物化学成分稳定，岩石结构致密、耐酸性强。可用于地面、墙面、壁炉、台面板、背景墙等
啡钻		也叫波罗的海棕花岗岩，褐色底，有类似钻石形状的大颗粒花纹，纹理独特。可用于地面、墙面、壁炉、台面板、背景墙等

花岗石中品质较好的品种包括：四川的四川红、中国红，广西的岑溪红，山西灵丘的贵妃红，内蒙古的黑金刚，山东的济南青，河南偃师的菊花青、云里梅，江西上高的豆绿、浅绿。

三、天然花岗石板材的分类、规格、等级和标记

（一）分类

1. 按形状分

天然花岗岩按形状分为普型板材（标记为 N）和异型板材（标记为 S）。

2. 按表面平整加工程度分

天然花岗石按表面平整加工程度分为细面板材、镜面板材和粗面板材。

细面板材（标记为 RB）——经粗磨、细磨加工而成，表面平整、光滑，无光。

镜面板材（标记为 PL）——经粗磨、细磨抛光加工而成，表面平整光亮、色泽明显、晶体裸露。

粗面板材（标记为 RU）——粗面板材经手工或机械加工，在平整的表面处理出不同形式的凹凸纹路，如具规则条纹的机刨板，人工凿切而成的剁斧板，经火焰喷烧处理表面而成的火烧板和用齿锤人工锤击而成的锤击板等。

（二）板材规格

天然花岗石板材的规格很多，细面和镜面板材的定型产品规格有 600 mm × 600 mm，800 mm × 800 mm，1 000 mm × 1 000 mm 等。异形板材的规格由设计或施工部门与生产厂家商

定。细面和镜面花岗石板材由于其材质的特点，一般都制成厚度为 20 mm的厚板，厚度小于 10 mm 的薄板很少采用。

（三）等级和标记

1. 等级

天然花岗石板材根据国家标准《天然花岗石建筑板材》，按规格尺寸允许偏差、平面度允许极限公差、角度允许极限公差、外观质量分为优等品（A）、一等品（B）、合格品（C）3 个等级。

2. 命名与标记

国家标准对天然花岗石板材的命名和标记方法的规定如下：

板材的命名顺序：荒料产地地名、花纹色彩特征名称、花岗石（G）；

板材的标记顺序：命名、分类、规格尺寸、等级、标准号。

例如，山东济南黑色花岗石荒料生产的 400 mm × 400 mm × 20 mm、普型、镜面、优等品板材表示为：

命名：济南青花岗石；

标记：济南青（G）N　PL　400 × 400 × 20 A　JC205。

四、天然花岗石板材的技术要求

国家标准对普型板材规格尺寸允许偏差都有明确的规定，异型板材规格尺寸允许偏差可以由供需双方商定。饰面板的平整度偏差允许值见表 4-12，角度偏差允许值见表 4-13，尺寸偏差允许值见表 4-14。

表 4-12　天然花岗石普型板材规格尺寸允许偏差

分类		细面和镜面板材			粗面板材		
等级		优等品	一等品	合格品	优等品	一等品	合格品
长度/mm		0	0		0	0	0
宽度/mm		−1.0	−1.5		−1.0	−2.0	−3.0
厚度/mm	≤15	±0.5	±1.0	+1.0 −2.0	−		
	>15	+0.5 −1.5	±2.0	+1.0 −3.0	+1.0 −2.0	±2.0 −3.0	+2.0 −4.0

表 4-13　天然花岗岩普型板材角度允许极限公差

mm

板材长度范围	细面和镜面板材			粗面板材		
	优等品	一等品	合格品	优等品	一等品	合格品
≤400	0.4	0.60	0.60	0.60	0.80	1.00
>400			0.90		1.00	1.20

表 4-14　天然花岗石板材平面度允许极限公差

mm

板材长度范围	细面和镜面板材			粗面板材		
	优等品	一等品	合格品	优等品	一等品	合格品
≤400	0.20	0.40	0.60	0.80	1.00	1.20
400～1 000	0.50	0.70	0.90	1.50	2.00	2.20
≥1 000	0.80	1.00	1.20	2.00	2.50	2.80

拼缝板材正面与侧面的夹角不得大于90°，异型板材角度允许极限公差由供需双方商定。花岗石的外观质量同一批板材的色调花纹应基本调和，测定方法同大理石板材。板材正面的外观缺陷应符合表4-15规定。

表 4-15　天然花岗石板外观质量要求

名称	规定内容	优等品	一等品	合格品
缺棱	长度不超过10 mm（长度小于5 mm不计），周边每米长（个）	不允许	1	2
缺角	面积不超过5 mm×2 mm（面积小于2 mm×2 mm不计），每块板（个）			
裂纹	长度不超过两端顺延至板边总长度的1/10（长度小于20 mm不计），每块板（条）			
色斑	面积不超过20 mm×30 mm（面积小于15 mm×15 mm不计），每块板（个）			
色线	长度不超过两端顺延至板边总长度的1/10（长度小于40 mm不计），每块板（条）		2	3
坑窝	粗面板材的正面出现坑窝		不明显	出现，但不影响使用

五、天然花岗石板材的贮存和应用

天然花岗石板材材质坚硬、耐腐蚀、抗污染，但贮存时仍应注意保护板面，严禁搬运时滚碾、碰撞，并尽可能在室内贮存，室外贮存应加遮盖。

天然花岗石板材主要用于室外地面、墙面、柱面、基座、台阶；镜面板材主要用于室内外地面、墙面、柱面、台面、台阶等，特别适用于大型公共建筑大厅的地面。

第四节　其他石材

除了建筑工程中常用的大理石与花岗石，自然界中还有许多质感性能独特的石材，表面粗犷凝重，纹理起伏，既自然又多变化，色泽丰富，绚烂多彩，它们具有耐酸、耐寒、吸水率低、不易风化等特点，是一种自然防水、会呼吸的石材。

1．玄武岩

玄武岩（见图4-6）为喷出火成岩。主要矿物为辉石和长石，常为隐晶结构。体积密度为2 900 ~3 300 kg/m^3，抗压强度为100 ~500 MPa，抗风化能力强，脆性及硬度均较大，加工较困难，主要用于基础、桥梁和路面铺砌及骨料等。

2．石灰岩

石灰岩（见图4-7）为海水或淡水中的化学沉淀物和生物遗体沉积而成，主要成分为方解石、石英、白云石、菱镁矿、黏土等矿物。石灰岩有密实、多孔和疏松等构造。密实构造的即为普通石灰岩，疏松的即为白垩（俗称粉刷大白）。颜色为白、灰、黄、浅红、浅黑等。

图4-6　玄武岩

图4-7　石灰岩

密实石灰岩表观密度为2 400 ~2 600 kg/m^3，抗压强度为20 ~120 MPa，莫氏硬度为3 ~4。含较多SiO_2时，其强度、硬度和耐久性都高。石灰岩一般不耐酸，但硅质和镁质石灰岩有一定的耐酸性。

石灰岩呈层状解理，无明显断面，难于开采成规格石材。石灰岩主要用于基础、墙体等石砌体，也是生产石灰和水泥的原料，直接用于装饰工程的不多。但某些特殊的石灰岩品种也可作为高档装饰饰面。如上海大剧院室内大厅的墙面采用的即为产于美国明尼苏达州的著名的石灰岩——黄砂石。

3. *砂岩*

砂岩（见图4-8）是使用最广泛的一种建筑用石材，是由直径为0.1~2 mm的石英等砂粒经沉积、胶结、硬化而成的岩石。

砂岩根据胶结物的不同分为以下几种:

硅质砂岩: 由SiO_2胶结而成，呈白、浅灰、浅黄色，强度可达300 MPa，坚硬耐久，耐酸，性能类似花岗岩。纯白色的砂岩又称白玉石，是优质的雕刻、装饰石材，北京人民英雄纪念碑周身的浮雕采用的即为白玉石。硅质砂岩可用于各种装饰、浮雕及地面工程。

图4-8　砂岩

钙皮砂岩: 由碳酸钙胶结而成，呈白、灰白色，是砂岩中最常用的品种。强度较大(60 ~80 MPa)，不耐酸，较易加工，应用较广。

铁质砂岩: 胶结物为含水氧化铁，呈褐色，性能比钙质砂岩差。

黏土质砂岩: 由黏土胶结而成，易风化，遇水易软化，应用较少。

4. *石英岩*

石英岩（见图4-9）是硅质砂岩受地质动力变化作用而生成的酸性变质岩，也是一种副变质岩。由于砂岩中的石英颗粒及天然胶结物在高压下重新结晶。因此结构致密、均匀，强度可达250 ~400 MPa。硬度大，莫氏硬度为7，耐酸性能好，耐久性优良，使用年限可达千年以上。但由于坚硬，开采加工困难，主要用于纪念性建筑的饰面或以不规则形状应用于建筑物或装饰工程。

图 4-9　石英岩

5. 片麻岩

片麻岩（见图 4-10）是花岗岩经高压地质作用重新结晶而成的变质岩，属于正变质岩（其构造、性能较变质前的原岩石差）。其矿物成分与花岗岩类似，呈片状构造，各向异性，沿解理方向易于开采和加工；垂直于解理方向抗压强度较高，可达 120 ~ 250 MPa。片麻岩的结晶颗粒为粒状或斑状，外观美丽，在工程中用途与花岗岩相似，但其抗冻性较差，经冻融循环，会层层剥落，在作为饰面石材时要考虑其使用的环境温度，以获得良好的应用效果。

图 4-10　片麻岩

第五节　石材表面加工

不同的室内空间对饰面板的表面状态有不同的要求，可以根据需求加工成不同的表面，也可按客户的要求选定石材花色尺寸进行深加工。

天然石材表面加工、饰面有以下几种：

1. 磨光面（抛光面）

磨光面（见图4-11）是指表面平整，用树脂磨料等在表面进行抛光，使之具有镜面光泽的板材。磨光面一般运用在平板幕墙及室内墙面、地板等，特别是一些高档的建筑，其室内墙面和地板对光度的要求很高。其特点是光度高，对光的反射强，能充分地展示石材本身丰富艳丽的色彩和天然的纹理。

2. 亚光面

亚光面（见图4-12）是指表面平整、用树脂磨料等在表面进行较少的磨光处理。具有一定的光度，但对光的反射较弱。

图4-11　磨光面

图4-12　亚光面

3. 火烧面（烧毛面）

火烧面（见图4-13）是指用高温火焰对石材表面加工而成的粗面饰面。通过火烧可以烧掉石材表面的一些杂质和熔点低的成分，从而在表面上形成粗糙的饰面，手摸上去会有一定的刺感。火烧面的加工对石材的厚度有一定的要求以防止加工过程中石材破裂，一般要求厚度最少为2 cm。有一些石材厚度要求会更高。另外有一些材质在火烧过程中会有一定的变色，比如，火烧后的锈石会显现出一定的淡红色，而不是原本的黄锈色。火烧面的特点是表面粗糙自然，不反光，加工快，价格相对便宜，常用于外墙。

4. 荔枝面

荔枝面（见图4-14）是用形如荔枝皮的锤在石材表面敲击而成，从而在石材表面形成形如荔枝皮的粗糙表面，多见于雕刻品表面或广场石等的表面。分为机荔面（机器）和手荔面（手工）两种，一般而言，手荔面比机荔面更细密一些，但费工费时。

图 4-13　火烧面

图 4-14　荔枝面

5. 龙眼面

龙眼面（见图 4-15）是用一字型锤在石材表面交错敲击成形如龙眼皮外表的粗糙表面，是花岗岩雕刻品表面处理的最常见方式之一，分为机器和手工两种。

6. 菠萝面

菠萝面（见图 4-16）是在石材表面用凿子和锤子敲击成外观形如菠萝皮的板材。菠萝面比荔枝面和龙眼面粗犷。细分还可分为粗菠萝面和细菠萝面两种。

图 4-15　龙眼面

图 4-16　菠萝面

7. 仿古面

为了消除火烧面表面刺手的特点，在石材先用火烧之后，再用钢刷刷 3 ~6 遍，即是仿古面（见图 4-17）。仿古面既有火烧面的凹凸感，摸起来又光滑不会刺手，是一种非常好的表面处理方法。仿古面的做法还有很多，比如火烧后水冲、酸蚀、直接钢刷或高压水冲面等。仿古面的加工比较费时，同时价格也比较贵。

8. 蘑菇面

蘑菇面（见图 4-18）是指在石材表面用凿子和锤子敲击成形如起伏山形的板材。此加工方法对石材的厚度有一定的要求，一般底部厚最少要 3 cm，凸起部分可根据实际要求在 2 cm 及以上。蘑菇石大量地运用在经济型的围墙上。

图 4-17　仿古面

图 4-18　蘑菇面

9. 自然面

自然面（见图 4-19）是指在用锤子将一块石材从中间自然分裂开来，形成状如自然界石头表面极度凹凸不平的加工方法。自然面极为粗犷，大量地应用于小方块、路沿石等。

图 4-19　自然面

10. 其他

石材的表面加工还有其他很多种，比如机切面、拉沟面、盲人面、喷砂面等。

第六节　人造石材

人造石的使用由来已久，1948 年意大利就已成功试制水泥型人造大理石。1958 年美国开始人造大理石平板的生产，到20世纪70年代，半数以上的住宅都不同程度采用了人造大理石。我国从20世纪70年代末开始引进人造石材的生产技术。

按照生产材料和制造工艺的不同，可把人造饰面石材分为下几类：

1. 水泥型人造饰面材料

以水泥（硅酸盐水泥、白色或彩色硅酸盐水泥、铝酸盐水泥等）为胶凝材料，天然砂为细骨料，碎大理石、碎花岗岩、工业废渣等为粗骨料，经配料、搅拌、成型、加压蒸养、磨光、抛光而制成。成本低、光泽度高、防潮、耐磨、耐候性好、抗风化能力强、易清洗，但耐酸腐蚀能力较差，易产生龟裂。

2. 聚酯型人造饰面石材

聚酯型人造大理石以不饱和聚酯为胶凝材料，配以天然大理石、花岗石、石英砂或氢氧化铝等无机粉状、粒状填料，经配料、搅拌、浇筑成型。外观富丽典雅、光泽度高、强度硬度较高、耐水、耐污染、耐腐蚀、花色可设计性强，适合于不同场所的需求，但较易翘曲变形。

3. 烧结型人造饰面石材

将斜长石、石英、辉石、方解石粉和赤铁矿粉及部分高岭土按比例混合（一般配比为黏土40%、石粉60%），制备坯料，用半干压法成形，经窑炉1000℃左右的高温倍烧而成。该种人造石材因采用高温焙烧，所以能耗大，造价较高，实际应用得较少。

4. 高温结晶型人造石材

高温结晶型人造石材是多种高分子材料与85%天然石料混合，经高温再结晶而成的一种新型高分子聚合材料。该人造石材有天然石材无法比拟的整体感，表面无毛细孔、耐高温，防水、防静电、耐酸碱、抗刮擦、无毒无味、无放射性、色泽多样均匀、花纹自然、表面光洁、质轻，易加工、锯切、弯曲、钻孔、黏结、加热造型。

第五章　建筑装饰竹木制品

木材是最古老、运用最广泛的建筑装饰材料之一。建筑工程中应用木材已有悠久的历史，举世称颂的古建筑之木构架、木制品等巧夺天工，为世界建筑独树一帜。

木材作为主要的建筑装饰材料，性能优良，装饰性极好，是其他材料所无法替代的。尤其木质材料的天然气息，质朴和亲切的感觉是现代人造材料所无法比拟的。现代高科技的参与，木质材料已从手工生产预制件发展成为工厂全自动生产的构件，以满足客户的不同需求。

第一节　木材的基本知识

一、木材的分类

1. 按树种分类

木材按树种可分为针叶树和阔叶树两大类，见表5-1。

表 5-1　木材的种类

种类	主要特点	主要应用
针叶树（软木材）	树干通直高达，纹理顺直；强度较高，变形较小，耐腐蚀性较强；木质较软，易于加工	针叶树木材是主要的建筑用材，广泛用于各种基材、承重构件、装修和装饰部件，常用的树种有红松、落叶松、云衫、冷杉、杉木、柏木等
阔叶树（硬木材）	树干通直部分较短；一般较重，强度高，变形大，易开裂；材质坚硬，加工较困难	用于建筑中尺寸较小的装饰构件；作室内装修、家具及胶合板。常用的树种有榉木、柞木、水曲柳、榆木及质地松软的桦木、椴木等

2. 按加工方式分类

木材按原木的加工方式可分为由锯切而得的板材、方材和刨切而得的微薄木片。板材、方材以截面边长的比与相对厚度的大小进行区别，微薄木片以厚度（mm）为表示单元，见表 5-2。

表 5-2　木材的不同锯切方式

名称	板材	方材	微薄木片
截面形状			
区分	按比例分：宽度/厚度≥3 按厚度分（mm）： 薄板厚度≤18 中板厚度：19～35 厚板厚度：36～65 特厚板厚度≥66	按比例分：宽度/厚度＜3 按乘积分（cm）^{2}： 小方＜54 中方：55～100 大方：101～225 特大方＞226	厚度（mm）：0.3～0.8 单片宽由树种大小而定，与胶合板拼接、黏结制成的规格板： 1 220 mm×2 440 mm
长度/m	针叶树：1～8；阔叶树：1～6		2～5

二、木材的构造

木材属于天然材质，其树种及生长条件的不同，构造特征有显著差别，从而决定着木材的使用性和装饰性。应用木材主要是从树干取材而得。树干是由树皮、木质部和髓心三部分组成，如图 5-1 所示。

1. 树皮

树皮为树干的外层组织，既是树干的保护层，又是储藏养分的场所和输送养分的渠道。树皮的外部形态、颜色、气味和质地是鉴别原木材树种的主要特征之一。

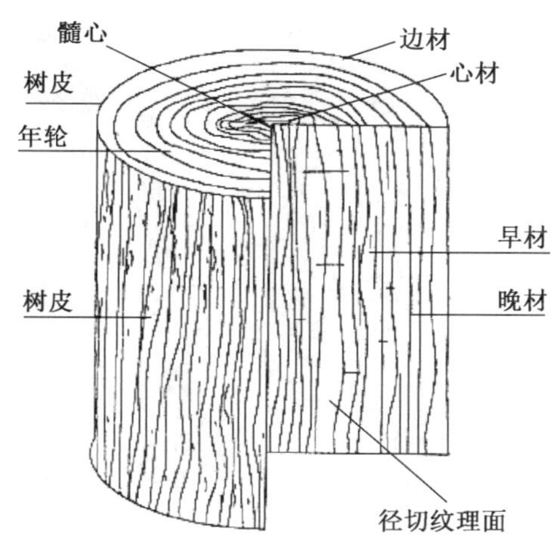

图 5-1　树干构造图

2. 木质部

木质部是树干最主要的部分，也是板材、方材最主要的取材部分。木质部分为边材和心材两部分。靠近髓心颜色较深的部分，称为“心材”；靠近横切面外部颜色较浅的部分，称为“边材”。边材含水较多，强度较低，易翘曲和腐朽。心材含水较少，强度较高，不易变形，较耐腐朽。其利用价值比边材大。

3. 髓心

髓心在树干中心，质松软，强度低，易腐朽，易开裂，不可作结构材料使用。

4. 年轮

在横切面上深浅相同的同心环，称为“年轮”。年轮由春材（早材）和夏材（晚材）两部分组成。春材颜色较浅，组织疏松，材质较软；夏材颜色较深，组织致密，材质较硬。相同树种，夏材所占比例越多木材强度越高，年轮密而均匀，材质好。木材的锯切方向不同所获得的表面纹理（见图 5-2）和物理特性（见表 5-3）也不同。

表 5-3　木材的切面

切面	花纹特征及性能特性
横切面（垂直于树轴的面）	在横切面上呈现树种的年轮特征及纹理特征。硬度大、耐磨、易折断、难刨削，加工后不易获得光洁的表面
径切面（通过树轴的纵切面）	在径切面上木材纹理呈条状，通直且近乎平行。径切面板材收缩率小、挺直、不易翘曲、牢固度好
弦切面（平行于树轴的纵切面）	弦切面上木材纹理呈 V 状，自然优美，但易翘曲变形

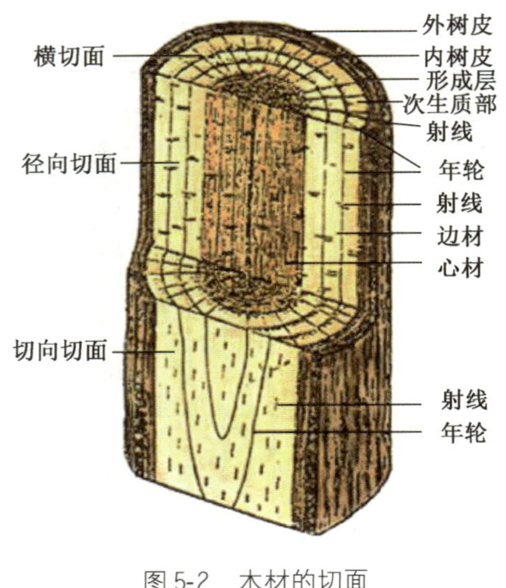

图 5-2　木材的切面

第二节　木材的基本特性

一、木材的物理特性

1. 含水率

含水率是指木材中水的重量占烘干木材重量的百分数。木材中通常含有自由水、吸附水、化合水，见表 5-4。

表 5-4　木材中的水分

木材中的水分	存在部位	蒸发顺序
自由水	存在于细胞腔和细胞间隙中	首先蒸发
吸附水	存在于细胞壁中	在自由水蒸发后，蒸发（影响强度和胀缩变形的主因）
化合水	以化学结合水的形式存在	永远不会蒸发

当潮湿的木材水分蒸发时，首先失去的是自由水，当自由水蒸发完而吸附水尚处于饱和状态时的含水率，称为纤维饱和点含水率。

木材的纤维饱和点含水率因树种而有差异，在 23%～33% 之间。当含水率大于纤维饱和点时，水分对木材性质的影响很小。当含水率自纤维饱和点降低时，木材的物理和力学性质随之而变化。木材在大气中能吸收或蒸发水分，与周围空气的相对湿度和温度相适应而达到恒定的含水率，称为平衡含水率。木材平衡含水率随地区、季节及气候等因素而变化，在10%~18%之间。

木材所表现的对象不同，选用木材含水率也会不同。家具表面板材含水率8%~12%，家具腿脚料含水率13%~15%，楼梯扶手含水率小于10%。

2. 木材的密度

木材的密度是指单位体积木材的质量。木材的实质密度为1.49~1.57 g/cm^3，平均密度为1.55 g/cm^3。

木材的质量和体积均受含水率影响。木材样本的烘干质量与其饱和水分时的体积，烘干后的体积及炉干时的体积之比，分别称为基本密度、绝干密度、炉干密度，木材在气干后的质量与气干后的体积之比，称为木材的气干密度。

木材的密度还与孔隙率、含水率及树种有关。例如，台湾二色轻木（0.186 g/cm^3）、广西蚬木（1.128 g/cm^3）密度大的木材，其力学强度一般较高。

3. 导热与传声

木材是多孔物质（50%），纤维结构中留有停滞的空气，从而形成气隙阻碍导热。木材导热系数小，不会出现受热软化、强度降低等现象。木材亦有传声与隔音的能力，木材的传声速度因树种不同而不同，但与其他材料相比较还是很小的，所以木材亦是一种具有良好隔音效果的装饰材料。

4. 湿胀与干缩

当木材从潮湿状态干燥至纤维饱和点时，其尺寸并不改变。当干燥至纤维饱和点以下时，细胞壁中的吸附水开始蒸发，木材发生收缩。反之，干燥木材吸湿后，将发生湿胀，直到含水率达到纤维饱和点为止。此后木材含水率继续增大，也不再膨胀，由于木材构造的不均匀性，木材不同方向的干缩湿胀变形明显不同。纵向干缩最小，为0.1%~0.35%，径向干缩较大，为3%~6%，弦向干缩最大，为6%~12%。因此，湿材干燥后，其截面尺寸和形状，都会发生明显的变化，干缩对木材的使用有很大影响，它会使木材产生裂缝或翘曲变形，以致引起木结构的结合松弛、装修部件破坏等。径向和弦向干缩率的不同是木材产生裂缝和翘曲的主要原因。

5. 绝缘性

干燥情况下木材属于绝缘材质，但是绝缘性会随含水率增大而降低。

二、力学特征

1. 强度

建筑上木材强度主要有抗压强度、抗拉强度、抗弯强度和抗剪强度，并且有顺纹与横纹之分。木材的顺纹强度与横纹强度差别很大，见表 5-5。

表 5-5　木材各种强度之间的关系

抗压强度/MPa		抗拉强度/MPa		抗弯强度/MPa	抗剪强度/MPa	
顺纹	横纹	顺纹	横纹		顺纹	横纹
100	10～20	200～300	6～20	150～200	15～20	50～100

2. 硬度

木材抵抗凹陷的能力称为木材的硬度。阔叶木为硬木材，针叶木为软木材。木材的硬度又与“年轮”和同一“年轮”内的生长季节有关。年轮多、夏季生长的木材色深，材质硬；年轮少、春季生长的木材色浅，材质软，如图 5-3 所示。

图 5-3　木材的年轮

3. 弹性

质地坚硬的木材弹性弱，质地松软的木材弹性强。

4. 塑性

木材保持变形的能力称为木材的特性。木材蒸煮后可进行切片，热压作用下可弯曲成型。

第三节　木材的干燥

木材在生长过程中会不断地与水接触，因而木材含有较大的水分。经堆存后水分会有所减少，但仍然无法达到加工制作的要求。若使用未经干燥处理的木材制作产品，在使用中容易出现开裂、翘曲、腐蚀及虫蛀的现象。所有木材使用前都必须经过干燥处理，将含水率降到允许的范围内。常见的干燥方式有以下几种：

一、自然干燥法

自然干燥是指利用阳光和空气的流动（风）来干燥木材，需 30～40 天。将木材合理地堆放在阳光充足和空气流通的地方，经过一定时间的晾晒使木材得到干燥，含水率达到 30% 左右。

自然干燥法成本低，但受气候影响较大，干燥时间较长，干燥后的含水率略高于各地各月的平衡含水率。木材收缩率与内部的应力较小，在使用时不易翘曲和变形，比人工干燥法优越。此方法适用薄板和小规格板材的干燥。

自然干燥木材，干燥质量的好坏和速度的快慢与是否合理堆积有很大关系，一般可采用水平堆积法、三角交叉平面堆积法、井字堆积法等。

二、人工干燥法

人工干燥需 10～30 天，使含水率达到 10% 以下。这一过程同时使木材内的浆汁蒸馏出来，均衡木材细胞壁组织，干缩性能趋于稳定一致。

1. 窑干（室干、炉干）

窑干即把木材放在保暖性和气密性完好的特制容器或建筑物内，利用加温加热设备以人工控制介质的温湿度及气流循环速度，使木材在一定的时间内干燥到指定含水率的干燥方法。

2. 烟重干燥法

烟重干燥法是指利用锯末、刨屑、碎木料燃烧产生的热烟来干燥木材。操作时只需控制好温湿度及气流循环速度，含水率即可达到要求，干燥变形也较小。但是，此种方法木材的表面易发黑，影响美观。

3. 热风干燥法

热风干燥法是指用鼓风机将空气通过被烧热的管道，使热风从炉底风道均匀吹进炉内，经过材堆又从上部吸风道回到鼓风机，通过循环往复把木材中的水分蒸发出来。这种方法干燥时间较快。

4. 汽加热干操法

汽加热干操法是指以蒸汽加热窑内空气，再通过强制循环把热量带给木材，使木材的水分不断向外扩散。利用这种干燥方式窑内的温度、湿度可以控制，干燥的时间也短。

5. 过热汽干燥法

过热汽干燥法以常压过热蒸汽为介质，采用强制循环气流，对木材进行高温快速处理。此法要求窑内密闭条件好，窑内设有蒸汽加热器。木材干燥时间快且质量较好。

三、其他干燥法

远红外线干燥法、高频电解质干燥法、微波干燥法、太阳能干燥法等。

根据不同的使用要求，可以选择合适的干燥方法。干燥后还需要进行养生处理 10～20 天。通过这一过程，木材最后才可以达到规定的适应使用地区环境特点的平衡含水率，消除木材在生长和加工过程中存在和产生的内应力，调整和恢复变形，如图 5-4 所示。

图 5-4　木材的干燥

第四节　人造板材

人造板材是利用木材加工过程中剩下的边皮、碎料、刨花、木屑等废料，进行加工处理而制成的板材。人造板材主要包括胶合板、细木工板、纤维板、刨花板、木丝板和木屑板等。人造板材的利用，不但减少了嵌缝处理，提高了木质表面的平整度、装饰性和锯切、弯曲、组接等加工性能，而且提高了木材的利用率。

一、胶合板

1. 胶合板的构成

胶合板是用原木经蒸煮软化，沿年轮旋切成薄片，再用胶粘剂按奇数层数，以各层纤维互相垂直的方向，粘合热压而成的人造板材，纵横方向的物理、机械性质差异较小。胶合板的层数一般为奇数，最多为15层，建筑装饰工程常用的是三层板和五层板。我国目前主要采用水曲柳、椴木、桦木、马尾松及部分进口原木制成，可供飞机、船舶、火车、汽车、建筑和包装箱等作用板材。

2. 胶合板的特征

① 幅面大而平整美观，不易干裂，避免因接缝而造成的不牢固性和整体美观性不佳。

② 性能稳定。保持木材固有的低导热系数和电阻大的特性，并具有一定的隔热性、防腐性、防蛀性和良好的隔音、吸声、隔其他气体的性能。

③ 易于加工，如锯切、组接、表面涂装。较薄的胶合板可在一定弧度内进行弯曲造型。较厚的胶合板可通过喷蒸加热使其软化，然后液压、弯曲、成型，并通过干燥处理，形状保持不变。

3. 胶合板的选择

胶合板常用的规格为1 220 mm×2 440 mm，胶合板的厚度为2.7 mm，3 mm，3.5 mm，4 mm，5 mm，5.5 mm，6 mm，…。胶合板主要用作各类家具、门窗套、踢脚板、窗帘盒、隔断造型、地板基材，表面可贴面或涂装。它属于易燃材料，不能用于有电线的天花吊顶和大面积的隔断墙（除通过阻燃处理的局部造型外）。选用时需注意甲醛的释放量是否符合国家标准，如图 5-5 所示。

图 5-5　胶合板

二、细木工板

1. 细木工板的构成与性能

细木工板又称大芯板，它是由上、下两层夹板，中间短小木条拼接压挤连接的芯材组成。细木工板具有较大的强度和硬度，耐热胀冷缩，板面平整，结构稳定，易于加工。细木工板是室内装修和高档家具制作的理想材料。

2. 细木工板的应用与选择

细木工板常用规格为 1 220 mm×2 440 mm，厚度 16 mm，19 mm，22 mm，25 mm。作为其他贴面材料的基材，广泛用于板式家具、门窗套、门扇、地板、隔断等。

以细木工板作较大门扇时不宜用通板作基材，需锯切成条块组合结构架，否则易翘曲。

优质细木工板的板芯木条应该选自密度大、缩水率小的优质树种，而且木条的拼接密实度好，边角无缺损，如图 5-6 所示。

图 5-6　细木工板

三、刨花板

刨花板是由木材或其他木质纤维素材料制成的碎料，施加胶黏剂后在热力和压力作用下胶合成的人造板，又称碎料板。它主要用于家具和建筑工业及火车、汽车车厢制造。

1. 刨花板的特点

① 有良好的吸音和隔音性能；

② 各部方向的性能基本相同，结构比较均匀；

③ 加工性能好，可按照需要加工或较大幅面的板件，根据用途选择厚度规格；

④ 易于实现自动化、连续化生产，便于储存；

⑤ 表面平整，纹理逼真，容重均匀，厚度误差小，耐污染，耐老化，美观，可进行油漆和各种贴面；

⑥ 无须干燥，可直接使用；

⑦ 密度较重，因而用其加工制作的家具重量较大；

⑧ 边缘粗糙，容易吸湿，当制作家具边缘暴露部位时要采取相应的封边措施处理，以防止变形；

⑨ 握螺钉力小于木材。

2. 刨花板的应用

刨花板在建筑装饰装修中主要用作隔断墙、室内墙面装饰板。常见规格有 1 220 mm × 2 440 mm，厚度为 1.6 ~75 mm。以 19 mm 为标准厚度，常用厚度有 13 mm，16 mm，19 mm 三种。使用中，通常需要在刨花板表面覆盖塑料贴面。未经贴面的刨花板多用于护墙板的基层板等，只起承托作用。中密度（650 ~750 kg/ m^3）刨花板和高密度（1 000 kg/ m^3）刨花板含胶量相当可观，可利用其制成可直接安装形式的半成品建筑装饰板，如图 5-7 所示。

图 5-7　刨花板

四、纤维板

纤维板（见图 5-8）是以植物纤维为原料，经过纤维分离、施胶、干燥、铺装成型、热压、锯边和检验等工序制成的板材，是人造板主导产品之一。它具有材质均匀、纵横强度差小、不易开裂等优点，广泛用于建筑和家具生产等行业，亦可用作包装材料、高级建筑（如剧院等）的吸音结构，见表 5-6。

表 5-6　纤维板的分类

类型	名称	特性	用途
非压缩型纤维板	软质纤维板	密度小于 0.4 g/cm³，质轻，空隙率大，有良好的隔热性和吸声性	多用作公共建筑物内部的覆盖材料
	轻质纤维板	特殊处理后吸附性能超强	用于净化空气
压缩型纤维板	中密度纤维板	又称半硬质纤维板，密度 0.4 ~ 0.8 g/cm³，结构均匀，密度和强度适中，有较好的再加工性	用途广泛
	硬质纤维板	密度大于 0.8 g/cm³，产品厚度范围较小（3 ~ 8 mm），强度较高	多用于建筑 、船舶和车厢等制造业

图 5-8　纤维板

五、刨切薄木贴面板

刨切薄木贴面板（见图 5-9）是采用胡桃木、橡木、花梨木、枫木、楠木等珍贵树材，精密刨切制得厚 0.2 ~0.5 mm 的微薄木片作面材，以胶合板（主要是三合板）、中密度纤维板、刨花板等为基材，采用黏合剂及先进的粘胶工艺制成。其纹理细腻、真实、立体感强、色泽美观，是板材表面精美装饰用材之一；用于高级建筑室内墙面的装饰，也常用于门、家具等的装饰，幅面尺寸同胶合板。

刨切薄木贴面板的应用中要注意在使用前先通刷 1 ~2 遍透明漆，以保护表面薄木层，涂刷前不可用砂纸打磨；表现同一类型物体时要注意厚度、纹理、色泽、冷暖等对比与协调关系；避免长期在潮湿环境中使用；避免使用头较粗的直射钉。

图 5-9　刨切薄木贴面板

六、欧松板

欧松板（见图 5-10）是一种新型环保建筑装饰材料，采用欧洲松木，在德国当地加工制造。它是以小径材、间伐材、木芯为原料，通过专用设备加工成长 40 ~100 mm，宽5 ~ 20 mm，厚 0.3 ~0.7 mm 的刨片，经脱油干燥、施胶、定向铺装、热压成型等工艺制成的一种定向结构板材。在建筑、装饰、家具、包装等领域，是细木工板、胶合板的升级换代产品，是目前市场上最高等级的装饰板材。

图 5-10　欧松板

欧松板的特性如下：

1. 加工性能强

其表层刨片呈纵向排列，芯层刨片呈横向排列，这种纵横交错的排列，重组了木质纹理结构，彻底消除了木材内应力对加工的影响，使之具有非凡的易加工性和防潮性。

2. 握钉力强

由于欧松板内部为定向结构，无接头，无缝隙、裂痕，整体均匀性好，内部结合强度极高，因而无论中央还是边缘都具有普通板材无法比拟的超强握钉能力。

3. 环保

欧松板全部采用高级环保胶黏剂，符合欧洲最高环境标准，成品的甲醛释放量符合欧洲最高标准（欧洲 EI 标准），可以与天然木材相媲美。

七、集成材

集成材（见图 5-11）是由实体木材的短小料制造成要求的规格尺寸和形状，齿接而成。集成板在抗拉和抗压等物理力学性能方面和材料质量均匀化方面优于实体木材，按需要集成材可以制造成通直形状、弯曲形状。集成材预先对板材进行了药物处理，具有优良的防腐性、防火性和防虫性，是木结构件的理想材料。

图 5-11　集成材

八、三聚氰胺板

三聚氰胺板（全称三聚氰胺浸渍胶膜纸饰面人造板）是将带有不同颜色或纹理的纸放入三聚氰胺树脂胶黏剂中浸泡，然后干燥到一定固化程度，将其铺装在刨花板、中密度纤维板或硬质纤维板表面，经热压而成的装饰板（见图 5-12）。可以任意仿制各种图案，装饰效果好，用于各种人造板和木材的贴面，硬度大，耐磨，耐热性好。常用于室内建筑及各种家具橱柜的装饰上。

图 5-12　三聚氰胺板

第五节　木装饰制品

随着现代化加工技术的发展，木材制品的品种愈发繁多，同时木材本身具有调节温度、湿度，散发芳香，吸声，调光等多种功能，在室内设计中的运用也越来越广泛。

室内设计中常用的木质材料如下：

一、龙骨材料

龙骨是木材通过加工而成的截面为方形或长方形的条状室内装饰工程的骨架材料，常用作天花、隔墙、棚架、造型、家具的骨架，起固定、支撑和承重的作用。

1. 软木龙骨

木天花、隔墙的内龙骨多选用材质较松，材色纹理不显著，性能稳定、不易变形的树种，主要为红松、白松、落叶松和马尾松、杉木、椴木等较轻软的材质。

2. 硬木龙骨

在装饰工程中，有些外露式木构件、支架，高级门窗及家具的骨架，通常要求木质较硬、纹理清晰美观的木骨架，常选用水曲柳、柞木、桦木、榉木、柚木、胡桃木、红木等，如图 5-13 所示。

图 5-13　木龙骨材料

二、木装饰线条

木装饰线条（见图 5-14）简称木线，种类繁多，主要有楼梯扶手、压边线、墙腰线、天花角线、弯线、挂镜线等。木线条选用优质的木材，经过干燥处理后，用机械加工或手工加工而成。木线条用在装饰工程中各平面相接处、相交面、分界面、层次面、对接面的衔接口、侧面收口封边处。线条的位置、长短、宽窄决定了室内各界面的比例关系。各类木线有多种断面形状：平线、半圆线、麻花线、鸿尾形线、半圆饰、齿型饰、浮饰、贴附饰、钳齿饰、十字花饰、梅花饰、叶形饰及雕饰等多样。木线条具有良好的施工性能，可以进行对接、拼接、弯曲成弧线，表面涂饰方便。

图 5-14　木装饰线条

三、微薄木贴皮

微薄木贴皮是将珍贵树种，经水煮软化后，旋切成 0.1 ~1 mm 的微薄木片再以高强胶黏剂与坚韧的薄纸胶合而成，多做成卷材，具有木纹逼真、质感强、使用方便等特点，如图 5-15 所示。

图 5-15　微薄木贴皮

四、木质花格窗

中国传统的建筑装饰中木质的拼花门窗非常常见的，在现代的设计中已经演变为室内陈设的一部分。它可作为现代室内设计中的隔断或墙面装饰，如图 5-16 所示。

图 5-16　木质花格窗

五、地板

地板是室内设计中主要的地面装饰材料，常见的品种有实木地板（漆板和素板）、实木复合地板、强化复合地板、竹地板及软木地板等。

（一）实木地板

实木地板取用原木进行加工，成型后进行涂装或打磨，从材种到漆面均绿色无害，是天然无害的地面材料。

实木地板具有材质紧密、导热系数小、控温隔音、花纹优美、脚感自然、使用安全的特点，是室内设计中理想的地面材料。根据实木地板的品质，实木地板分 AA 级、A 级、B 级 3 个等级，AA 级使用的均为芯材，品质量最高，如图 5-17 所示。

图 5-17　实木地板

1. 实木地板主要树种

实木地板的原材料是木材，因为生长地区和气候的差别，不同的木种性能差异较大。如南花梨木、柚木的硬度比较大，如果气候潮湿则宜从耐久度上考虑，铁幕、樱桃木、柳桉等耐久力强且不需要做防腐处理。

实木地板因材质的不同，其硬度、天然的色泽和纹理差别也较大，见表5-7。

表5-7　实木地板的花纹及材质特征

品种	图示	特点
柚木		较名贵，多为缅甸产。重量中等，不变形，防水，耐腐，稳定性好，含有极重的油质，使之保持不变形，且带有一种特别的香味，能驱蛇、虫、鼠、蚁。柚木的刨光面颜色是通过光合作用氧化而成金黄色，颜色会随时间的延长而更加美丽
花梨木		木质坚实，花纹精美，成八字形，带有清香。木纹较粗，纹理直且较多，呈红褐色，耐久度、强度较高
樱桃木		色泽高雅，颜色、木纹会随时间长越变越深。暖色赤红呈高贵之感。硬度低，强度中等，耐冲击载荷，稳定性好，耐久性高
黑胡桃		呈浅黑褐色带紫色，色泽较暗，结构均匀，稳定性好，容易加工，强度大，结构细，耐腐，耐磨，干缩性小
桃花芯木		木质坚硬、轻巧，结构坚固，色泽温润，大气，木花纹绚丽，变化丰富，密度中等，稳定性高，尺寸稳定，干缩率小，强度适中
枫木		颜色淡雅，纹理美丽多变，细腻，高雅，花纹均匀而且细腻，易于加工，质量轻，韧性佳，软硬适中
小叶相思木		木材细腻，密度高，呈黑褐色或巧克力色，结构均匀，强度及抗冲击韧性好，生长轮明显且自然，形成独特的自然纹理，高贵典雅。稳定性好，韧性强，耐腐蚀，缩水率小
水曲柳木		呈黄白色或褐色略黄，纹理明显但不均匀，木质结构粗，纹理直，花纹美丽，硬度较大，光泽强，略具蜡质感，弹性、韧性好，耐磨，耐湿，不耐腐，加工性能好

续表

品种	图示	特点
印茄木		又称菠萝格，木结构略粗，纹理交错，重硬坚韧，稳定性能佳，花纹美观，心材耐久性强，耐磨性能好
圆盘豆木		颜色比较深，分量重。密度大，坚硬，抗击打能力很强。在中档实木地板中，圆盘豆地板的稳定性能是比较好的。脚感比较硬，不适合有老人或小孩的家庭使用。使用寿命长，保养简单
橡木		又称柞木、栎木，纹理丰富美丽，花纹自然，具有比较鲜明的山形木纹。触摸表面有着良好的质感，韧性极好，质地坚实，制成品结构牢固，使用年限长，稳定性相对较好。不易吸水，耐腐蚀，强度大

2. 实木地板的选择

(1) 实木地板的含水率

木材的平衡含水率随所处环境的温度和湿度的变化而变化，当平衡含水率和环境湿度有差值时，会趋向于环境。这就产生了木材的湿胀与干缩现象，这是木材特有的物理现象。通常宽度方向的涨缩变形大于顺向变形。国家标准规定木地板的含水率为 8% ~ 13% 。但在不同的城市平衡含水率有较大差异。

(2) 实木地板的花色

根据室内设计的风格选择实木地板的花色。由于木材的生长环境不同，相同树种的材质也会因为产地而存在纹路、色泽的差别，见表 5-8。

表 5-8　常见实木地板的硬度及色泽分类

硬度、色泽及纹理		实木地板品种
硬度	中等硬度	柚木、印茄（菠萝格）、香茶茱萸（芸香）
	软木	水曲柳、桦木
色泽	浅色	加枫、水青冈（山毛榉）、桦木
	中间色	红橡、槲栎（柞木）、铁苏木（金檀）
	深色	香脂木豆（红檀香）、拉帕乔（紫檀）、柚木、乔木树参（玉檀香）、胡桃木、鸡翅木、紫心木、酸枝、印茄、香二翅豆、木荚豆（品卡多）

(3) 木地板的加工精度

观测木地板切口咬合度、拼装间隙、相邻板间高度差等。

（4）检查基材的缺陷

先检查是否同一树种，地板是否有死节、活节、开裂、腐朽、菌变等缺陷。木地板是天然木制品，色差和不均匀的现象是无法避免的，且自然的花色是实木地板的一个显著特色，只要在铺装时稍加调整即可。

（5）选择合适的尺寸

宽度过大的木地板相对容易变形。

3. 实木地板的养护

实木地板铺设后，需养生 24 h。保持室内空气的流通，避免长时间使用塑料纸或报纸覆盖，使表面漆膜发黏，失去光泽。

日常使用时，定期清扫地板、吸尘，防止沙子或摩擦性灰尘堆积而刮擦地板表面。要注意避免重金属锐器、玻璃瓷片、鞋钉等坚硬物器划伤地板。勿使重物与地板表面拖挪，避免地板接触明火或大功率电热器。建议每年上蜡保养 2 次。

注意控制室内的温湿度。潮湿天气不宜长时间开窗。日常清洁使用拧干的棉拖把擦拭即可，如遇顽固污渍，可使用中性清洁溶剂擦拭后再用拧干的棉拖把擦拭，切勿使用酸、碱性溶剂或汽油等有机溶剂擦洗。长时间暴露在强烈的日光下，或房间内温度的急剧升降等都可能引起实木地板漆面的提前老化，应尽量避免。秋、冬季节为增加室内空气湿度，可使用加湿器使室内的空气湿度保持在 50% ~70% 。

特殊污渍的清理办法：油渍、油漆、油墨可使用专用去渍油擦拭；血迹、果汁、红酒、啤酒等残渍可以用湿抹布或用抹布蘸上适量的地板清洁剂擦拭。

（二）实木拼花地板

实木拼花地板是用阔叶树种（水曲柳、柞木、榆木、柚木等性能稳定的硬杂木）的边角料加工成单元小块，经干燥处理后按设计图进行粘结组合的一种拼装地面材料，如图 5-18 所示。

图 5-18　实木拼花地板

在铺设拼花地板时，通过板条不同方向的组合可拼装出多种图案。常用的图案有清水砖墙纹、席纹、人字纹、斜纹等。实木拼花地板质地坚硬，富有弹性，耐磨损，抗腐朽，不易变形且纹理美观，质感良好，给人以温暖清雅的感觉。

（三）实木复合地板

实木复合地板（见图5-19）是从实木地板中衍生出来的木地板品种，采用2种以上的材料制成，表层常采用5 mm厚的实木，中层采用多层胶合板和中密度板构成，底层为防潮平衡层，根据不同品种材料的力学原理将3种单片依按照纵向、横向、纵向三维排列

图5-19　实木复合地板

方法，用胶水粘贴起来，并在高温下压制成板。但在使用中如胶合质量差会出现脱胶。此外因为表层较薄（尤其是多层），使用中必须重视维护保养，所以使用场合有所限制。

1. 实木复合地板的优点

① 性能优良。实木复合地板具有表面漆膜光泽美观、耐磨、耐热、耐冲击、阻燃、防霉、防蛀等优点。

② 质量稳定。实木复合地板在加工过程中，每层木质纤维相互垂直，分散了变形量和应力，使木材的异向变化得到控制。

③ 价格适中。实木复合地板能充分利用材料，性价比高。

④ 安装简单。实木复合地板无须木龙骨基层，地面找平就可以，安装便捷。

⑤ 环保。由于实木复合地板采用的实体木材和环保胶黏剂通过先进的生产工艺加工制成，因此环保性能较好，符合国家环保强制性标准。

2. 实木复合地板的选择

（1）环保指标

实木复合地板之间以胶水胶合，其甲醛释放量的大小是一个十分重要的指标。国

家对此有强制性标准，即《室内装饰装修材料人造板及其制品甲醛释放限量》。该标准规定实木复合地板必须达到 E1 级的要求（甲醛释放量≤1.5 mg/L），并在产品标志上明示。

（2）粘结强度与精度

实木复合地板由表、芯、底 3 层胶水粘结而成，胶合性能是该产品的重要质量指标，质量不过关的会出现脱胶。符合《生产质量标准和安全使用标准》的地板才是健康安全的。此外，因为表层较薄（尤其是多层），要仔细观察地板的拼接是否严密，相邻板应无明显高低差。使用中必须重视维护保养。

（3）面层厚度需符合规格

实木复合地板表层的厚度决定其使用寿命，表层板材越厚，耐磨损的时间就越长。三层实木复合地板的面板厚度以 2 ~4 mm 为宜，多层实木复合地板的面板厚度以 0.3 ~ 2.0 mm 为宜。挑选时应选择合适的面板厚度而不是过度地追求面板厚度。欧洲实木复合地板的表层厚度一般要求 4 mm 以上。

（4）材质

实木复合地板表层为耐磨层，应选择质地坚硬、纹理美观的品种；芯层和底层为平衡缓冲层，应选用质地软、弹性好的品种。

（四）强化复合地板

强化地板（见图 5-20）也叫作复合木地板、浸渍纸层压木质地板。它的适用范围广，耐污、抗酸碱性好，免维护，防滑性能好，耐磨、抗菌，不会虫蛀、霉变，尺寸稳定性好，不会受温度、潮湿影响变形，色彩、花样丰富，能够减轻建筑的承载，防火性能 B1 级。

图 5-20　浸渍纸层压木质地板

从强化地板的特性上来分，可分为水晶面、浮雕面、锁扣、静音、防水等，见表5-9。

表 5-9 强化地板的特性

类别	特点
水晶面	平面类材质，易于打理
浮雕面	表面有木纹状的四凸花纹
锁扣类	地板接缝处采用锁扣形式，既能控制地板的垂直位移，又控制地板的水平位移，不容易发生翘起、走路绊脚等现象
静音板	地板的背面加软木垫或其他类似软木作用的垫子。用软木地垫后踩踏地板的噪音可降 20 分贝以上，起到增加脚感、吸音、隔声的效果，对提高强化地板舒适性，起到了积极的作用
防水板	强化地板的企口处，涂上防水的树脂或其他防水材料，阻止外部的水分潮气侵入，也是内部的甲醛不容易释出，使得地板的环保性得到明显提高，使用寿命延长，尤其是在大面积铺设，不便留伸缩缝、加压条的条件下，可以防止地板起拱，减少地板缩缝

1. 强化地板的结构

强化地板一般是由 4 层材料复合组成，即耐磨层、装饰层、高密度基材层、平衡（防潮）层。

第一层：耐磨层。它主要由 Al_2O_3（三氧化二铝）组成，有很强的耐磨性和硬度，一些由三聚氰胺组成的强化复合地板无法满足标准的要求。

第二层：装饰层。它是一层经密胺树脂浸渍的纸张，纸上印刷有仿珍贵树种的木纹或其他图案。

第三层：高密度基材层。中密度或高密度的层压板，经高温、高压处理，有一定的防潮、阻燃性能，基本材料是木质纤维。

第四层：平衡层。它是一层牛皮纸，有一定的强度和厚度，并浸以树脂，起到防潮防地板变形的作用。

2. 强化地板的分类

从厚度上分有薄和厚（8 mm 左右及 12 mm 左右）2 种。薄板较为环保，抗冲击力相对较差；厚板脚感稍好。

按照规格，强化地板可分为标准板、宽板和窄板。标准板宽度一般为 191 ~195 mm，长度为 1 200 mm 及 1 300 mm 左右。窄板长度为 900 ~1 000 mm，宽度基本上在 100 mm 左右，近似实木地板的规格，也叫仿实木地板，价格便宜，稳定性好，四边做成 V 形槽的，可乱真实木地板。宽板长度多为 1 200 mm，宽度为 295 mm 左右，是我国的强化地板加工企业为了满足消费需求而开发的。外观大方，地板的缝隙相对少；但色差相对较大，装饰纸的抗紫外线能力差。

3. 强化地板的特点

① 耐磨。强化地板表层为耐磨层，反映强化地板耐磨性的“耐磨转数”主要由三氧化二铝的密度决定。三氧化二铝分布越密，地板耐磨转数越高。但是，耐磨不等于耐用。选择耐用的强化地板，真正需要特别关注的是地板凹凸槽咬合是否紧密，基材是否坚固，甲醛含量是否过高，花色是否真实自然等。

② 装饰效果好。可以模拟各种天然或人造花纹。

③ 易于保养。由于强化地板表层耐磨层具有良好的耐磨、抗压、抗冲击及防火阻燃、抗化学品污染等性能，在日常使用中无须特别处理。

④ 安装简便。强化地板可直接安装在地面或其他地板表面，无须打地龙。安装时只需将榫槽相互契合，形成精确咬接即可，铺设后的地面整体效果好，色泽均匀，视觉效果好。

⑤ 性价比优良。价格便宜。

4. 强化地板的选择

（1）耐磨转数

家庭用地板耐磨转数通常选用 6 000 r 以上，而在公共场所通常选用 9 000 r 以上。

（2）游离甲醛释放量

强化木地板中含有定量的甲醛，若超过国家规定的指标值（1.5 mg/L）则对人体有害。在选购时最适宜选用有国家环境保护标志认证的产品或免检产品。

（3）基材密度

强化木地板基材（高密度纤维板）的密度应为 0.82 ~0.96 g/cm^3，密度太低或太高均不适宜。好的基材里面没有杂质，颜色较为纯净，差的地板基材里面用肉眼就能看见大量杂质。

（4）耐水性

耐水性主要同吸水厚度膨胀率指标来反映，该指标值高，耐水性就差，即在潮湿环境下轻易引起尺寸变化。只有防潮的地板，没有防水的木地板。

（5）加工精度

用 6 ~12 块地板在平地上拼装后，用手摸和眼观的方法，观察其加工精度是否平整光滑，榫槽咬合是否合适，不宜过松，也不宜过紧，同时仔细检查地板之间拼装高度差和间隙大小。

5. 强化地板的保养

① 地板刚铺设完毕后，要经常保持室内空气的流通。

② 超重物品应平稳搁放，家具和重物均不能硬行推拉拖曳，以免划伤耐磨层表面。

③ 使用中不可用水浸泡地板。地板泡水后不可修复。

（五）竹地板

竹地板是一种新型建筑装饰材料，以天然优质竹子为原料，经过二十几道工序，脱去竹子原浆汁，经高温高压拼压，再经过多层油漆，最后红外线烘干而成。

竹地板可分为自然色和人工色 2 种。自然色又可分为本色和碳化色，本色以清漆处理表面，采用竹子最基本的色彩；碳化色平和高雅，是竹子经过烘焙制成的。

1. 竹地板的特点

① 竹地板以竹代木，具有木材的原有特色，竹子的天然纹理，色彩匀称，清新文雅，兼具原木地板的自然美感和陶瓷地砖的坚固耐用。

② 竹地板无毒，牢固稳定，不开胶，不变形。经过无害处理后的竹材，具有超强的防虫蛀功能。地板六面用优质进口耐磨漆密封，阻燃、耐磨、防霉变。地板表面光洁柔和，品质稳定。

③ 竹木地板强度高，硬度强，脚感稍硬，如图 5-21 所示。

图 5-21　竹地板

2. 竹地板的选择

（1）产品资料是否齐全

选择正规品牌，查看生产厂家、品牌、产品标准、检验等级、使用说明、售后服务等资料。

（2）产品外观质量

竹地板外观：首先观其地板色泽，本色地板色泽金黄色，通体透亮；碳化竹地板是古铜色或褐色，颜色均匀而有光泽感。四周有无裂缝，有无批灰痕迹，是否干净整洁，背面有无竹青竹黄剩余。

油漆质量：将地板置于光线明亮处，看其表面有无气泡、麻点、橘皮现象，再看其漆面是否丰厚、饱满、平整。表面有无胶线。

（3）内在质量

首先看材质，可用手掂和眼观，若地板拿在手中较轻，说明采用的是嫩竹；若眼观其纹理模糊不清，说明此竹材不新鲜，是较陈旧的竹材。

地板结构是否对称平衡：可根据竹地板的两端断面是否符合对称平衡原则判断，若符合结构就稳定。

地板层与层间胶合是否紧密：用两手掰，观察是否会出现分层，若分层则不紧密。

（4）加工精度

竹地板加工精度，可以随机抽样，其方法是任意取多块地板放于平整面上，榫、槽拼合后，若符合结构就稳定。

3. 竹地板的养护

因为竹地板是植物粗纤维结构，它的自然硬度比木材高出一倍多，而且不易变形。因此理论上竹材地板的使用寿命可达20年左右，正确的使用和保养是延长竹材地板使用寿命的关键。

竹地板在使用中应注意以下几点：

① 保持室内干湿度。竹地板虽经干燥处理，减少了尺寸的变化，但因其竹材是自然界材料，所以，它还会随气候干湿度变化而有变形。在北方地区遇干燥季节，特别是开暖气时，室内需注意加湿；在南方地区黄梅季节，开窗通风，保持室内干燥。在室内应尽量避免阳光曝晒和雨水淋湿，若遇水应及时擦干。

② 避免损坏地板表面竹地板漆面，应避免硬物撞击、利器划伤、金属摩擦等。

③ 正确清洁地板，2~3个月打1次地板蜡。

（六）软木地板

软木地板被称为是“地板的金字塔尖上的消费”，软木是生长在地中海沿岸和我国秦岭地区的橡树，主要材质是橡树的树皮，与实木地板比更具环保性、隔音性，防潮效果也更佳，具有弹性和韧性，能够产生缓冲。非常适合有老人和幼儿的家庭及对声音、湿度要求较高的场所使用，且可以在原有基层上直接铺设。

软木地板相对其他类型的地板更具艺术性。它通常可以搭配各种各样的图案和颜色。除了用在地面上，软木地板还可以用来装饰墙面，如图 5-22 所示。

图 5-22　软木地板

1. 软木地板的分类

软木地板按照产品结构的分类及特性见表 5-10。

表 5-10　软木地板的分类与特性

<table>
<tr><th>类别</th><th>特点</th><th>用途</th></tr>
<tr><td>软木地板表面无任何覆盖层</td><td>最为原始的软木地板，各方面性能优越</td><td rowspan="2">多用于家庭等人流量较少的空间</td></tr>
<tr><td>在软木地板表面涂装 UV 清漆或色漆或光敏清漆 PVA</td><td>根据漆种不同，可分为高光、哑光和平光 3 种。此类产品对软木地板表面要求面比较高，所用的软木料较纯净。采用 PU 漆的产品，PU 漆相对柔软，可渗透进地板，不容易开裂变形</td></tr>
<tr><td>在软木地板表面覆盖 PNC 贴面</td><td>构通常为 4 层，表层采用 PC 贴面，第二层为天然软木装饰层，其厚度为 0. 8 cm，第三层为胶结软木层，其厚度为 1. 8 cm，最底层为应力平衡兼防水 PVC 层，此层很重要，可以避免 PVC 表层冷却收缩，进而使整片地板发生翘曲</td><td rowspan="2">适合商店、图书馆等人流量大的场合</td></tr>
<tr><td>聚氯乙烯贴面</td><td>面层为聚氯乙烯贴面，第二层为天然薄木，第三层为胶结软木，底层为 PVC 板与第三类一样防水性好，同时又使板面应力平衡</td></tr>
<tr><td>塑料软木地板，树脂胶结软木地板、橡胶软木地板</td><td>可直接拼贴，施工方便</td><td>可适用于各类场所</td></tr>
</table>

2. 软木地板质量的鉴别

① 外观质量。查看地板砂光表面是否光滑，有无鼓凸颗粒，软木颗粒是否纯净。

② 尺寸规格。查看地板边长是否顺直。

③ 板面弯曲强度，将地板两对角线合拢，观其弯曲表面是否出现裂痕。

④ 胶合强度检验。将小块方式样放入开水泡，优质品遇开水表面应无明显变化。

⑤ 板材密度。软木地板密度分为 400 ~450 kg/m³，450 ~500 kg/m³ 及大于500 kg/m³ 三级。一般家庭选用密度为 400 ~450 kg/m³ 的地板足够，若室内有重物，则可选密度稍大些的地板。

3. 软木地板的保养

软木地板的保养较为便捷。用吸尘器、禅子、半干的抹布即可，局部污迹可用橡皮擦拭，切不可用利器铲除；若是打过蜡的板材，可以用湿布擦拭干净。

在使用过程中，需避免将砂粒带入室内。砂粒被带入后即被压入脚下弹性层中，当脚步离开时又会被弹出，带入室内的砂粒应及时清除，一般不需要配备吸尘器，也不用担心受潮出现翘曲、霉变等现象。

若个别处有磨损，可以在局部重新添上涂层。在磨损处轻轻用砂纸打磨，清除其面上的垢物，然后再用干软布轻轻擦拭干净，重新涂制涂层，或在局部处覆贴聚酯薄膜。

表面刷漆的软木地板的维护保养同实木地板，一般半年打一次地板蜡。避免对地板强烈的冲击，搬运家具以抬动为益，不能直接拖动，家具腿需垫物。

防止热伤害。切忌将热水杯等温度较高的物品直接放在地板上，以免烫坏表面漆膜。同时应尽量避免太阳长时间直射地板，以免漆膜被紫外线长期强烈照射后过早干裂和老化。

地板安装后需养生 24 h。

（七）地热采暖地板

地热采暖地板又称低温热水辐射采暖地板，低温地板辐射是一种利用建筑物内部地面进行采暖的系统。

1. 地热采暖地板的优点

① 温感舒适。地热采暖地板将整个地面作为散热器在地板结构层内铺设管道，通过往管道内注入 60 ℃以下的低温热水加热地板混凝土层使地面温度保持在 26 ℃左右，使人感觉温暖舒服。室内温度均匀下降，给人脚暖头凉的最佳感觉，符合人体生理科学。

② 有效节约能源。采用低温热水地板采暖的实感温度比实际温度高出 2 ~4 ℃。它符合“按户计量，分室调温”的要求，家中无人时可停止供暖，人口少时可在有人活动的房间采暖，关掉无人房间的阀门。

③ 使用寿命长。其采用的铝塑复合管是世界上公认的使用寿命 50 年的材料。另外，这种采暖方式还具有可减少楼层噪音，清洁卫生，热源选择广泛，适合旧房改造等特点。

2. 地热采暖地板的特性

① 良好散热性。地热采暖地板严格地选木质密度符合要求的专用基材。地板厚度在6.5 ~8.5 mm之间（地热采暖地板的标准厚度），确保地板具备良好的透气性及散热功能。

② 耐热性好。地热采暖地板在其制作过程中必须经过4个循环的严格检验。即：地板在100 ℃的热水中煮4 h — 60 ℃的烤箱中烘烤20 h — 100 ℃的热水中煮3 h — 零下20 ℃冷冻2 h。往返4次，保证地板长期耐高温、不开裂、不脱胶、抗潮湿、不变形、不反翘。

③ 绿色环保。健康、安全是地热采暖地板的根本要求。产品应符合国际环保标准（欧洲环保标准为E1；日本环保标准为F1；我国甲醛释放含量低于0.12 mg/m^{3}等效于国际标准）。

3. 地热采暖地板的选择

① 地板的热稳定性好，含水率偏小，这样地板受热后就不容易变形。

② 要利于热交换和传导，垫层材料不宜过厚；地板尺寸宜薄不宜厚，宜宽不宜窄，以利于抗变形、热传导的要求。

地采暖木质地板造价较高，以下几种可以作为地热采暖地板的替代：

① 7 ~8 mm厚的强化木地板，用2 ~3 mm的泡沫塑料垫层；

② 8 ~12 mm厚的三层或多层实木复合地板，用2 ~3 mm的泡沫塑料垫层；

③ 8 mm厚的拼接拼花地板或镶嵌拼花地板，用2 ~3 mm的泡沫塑料垫层；

④ 10 ~12 mm厚的实木平口地板；

⑤ 长、宽、高分别小于600，60，15 mm的实木企口地板，最好的是200 mm × 40 mm × 10 mm规格的地板，在施工时拼成方形或人字形使其热变形均匀。

第六节　木材的防腐与防火

木材的最大缺点是易腐和易燃，因此建筑工程中应用木材时应着重考虑防腐和防火。

一、木材的腐朽

1. 木材腐朽的原因

木材的腐朽为真菌侵害所致。真菌分变色菌、霉菌和腐朽菌3种，前2种真菌对木材质量的影响较小，但腐朽菌的影响很大。腐朽菌生长在木材的细胞壁中，它能分泌出一种酵素，把细胞壁物质分解成简单的养分，供自身摄取生存，从而致使木材产生腐朽，并遭彻底破坏，但真菌在木材中生存和繁殖必须具备 3 个条件，即：

（1） 水分

当木材的含水率在 20% 以下时不会发生腐朽，而木材含水率在繁殖生存，也就是说木材含水率在纤维饱和点以上时易产生腐朽。

（2） 温度

真菌繁殖适宜的温度为 25 ~35 ℃，低于 5 ℃，真菌停止繁殖，高于 60 ℃，真菌则死。

（3） 空气

木材中存在一定量的空气时，适宜腐朽真菌繁殖。

2. 木材的防腐措施

防止木材腐朽的措施有以下两种：

（1） 破坏真菌生存的条件

破坏真菌生存条件最常用的办法：使木制品、木结构和储存的木材处于经常保持通风干烘的状态，并对木制品和木结构表面进行油漆处理。油漆涂层既使木材隔绝了空气，又隔绝了水分，由此可知，木材油漆首先是为了防腐，其次才是为了美观。

（2） 把木材变成有毒的物质

将化学防腐剂注入木材中，使真菌无法寄生，木材防腐剂种类很多，一般分油质防腐刑、水溶性防腐剂和膏状防腐剂 3 类，如图 5-23 所示。

图 5-23　木材的防腐

二、木材的防火

所谓木材的防火，就是将木材经过具有阻燃性能的化学物质处理后变成难燃烧的材料，以达到遇小火能自熄，遇大火能延缓或阻滞燃烧蔓延的目的，如图 5-24 所示。

图 5-24　木材的防火

第六章　陶瓷装饰材料

陶瓷自古以来就是建筑物的重要材料。我国远在新石器时代就出现了许多美丽的彩陶器，“秦砖汉瓦”也说明了其在我国应用的悠久历史。建筑装饰陶瓷是指用于建筑装饰工程的陶瓷制品，包括各类的釉面砖、墙地砖、琉璃制品和陶瓷壁画等，其中应用最为广泛的是釉面砖和墙地砖。

现代科学技术的发展、工业的进步、人民生活水平的提高使得建筑陶瓷得以飞速发展，其品种、花色和性能亦跟随时代的脚步，有很大的改变。

第一节　陶瓷的基本知识

一、陶瓷的概念和分类

陶瓷通常指以黏土为主要原料，经原料处理、成型、焙烧而成。陶瓷分为陶器、瓷器及炻器等。

（一）陶器

陶器的烧结程度相对较低，为多孔结构，通常吸水率大于10%，其断面粗糙、无光，不透明，敲击声粗哑，孔隙率较大，抗冻性差，强度较低。陶器主要分为无釉和施釉两种制品。陶质制品可分为粗陶和精陶两种。

建筑上所用的砖瓦、陶管均属粗陶制品；而精陶是指胚体呈白色或象牙色的多孔性陶瓷制品，多以可塑性黏土、高岭土、长石、石英为原料，一般经素烧（无釉坯在高温下的焙烧过程）和釉烧（施釉后在进行焙烧的过程）2 次烧成。精陶按其用途不同可分为建筑精陶（如釉面砖）、美术精陶及日用精陶等，如图 6-1 所示。

图 6-1　陶器

（二）瓷器

瓷器脱胎于陶器，瓷器烧结程度高，结构致密、坚硬耐磨，其断面细致且有光泽，孔隙率较小，吸水率也较小（<1%），半透明，通常都施釉。

瓷质制品按其原料的化学成分与工艺制作不同，又分为粗瓷和细瓷两种。瓷质制品有陶瓷锦砖、日用餐茶具、陈设瓷、电瓷及美术用品等。建筑上用于外墙饰面和铺地，如图 6-2 所示。

图 6-2　瓷器

（三）炻器

炻器在我国古籍上称为“石胎瓷”，是介于陶和瓷之间的一类产品，也称为半瓷。其坯体致密，已完全烧结。但还没有玻化，仍有＜6% 的吸水率，坯体不透明，可为白色，而多数产品允许在烧后呈现颜色，所以对原料纯度的要求不及瓷器那样高，其原料取给容易。炻器按其胚致密程度不同又分为粗炻器（4%～6%）和细炻器（1%～3%）两种。常见的水缸属于粗炻器。而细炻器具有抗冲击力强，抗无机酸的腐蚀（氢氟酸除外）及热稳定性极好的特点。建筑饰面用的外墙面砖、地砖多属细炻器。日用器皿、有釉陶瓷锦砖、卫生陶瓷、化工及电器工业用陶瓷也多属于细炻器，如图 6-3 所示。

图 6-3　炻器

二、陶瓷基本性能与特征

陶瓷属于无机非金属材料。陶瓷是各类材料中刚度最好、硬度最高的材料，在高温下硬度仍较高，因此陶瓷的耐高温性和耐磨性非常优良。陶瓷材料一般具有较高的熔点（2 000 ℃以上），且在高温下具有极好的稳定性，具有承受温度急剧变化而不被破坏的能力。陶瓷在高温下不易氧化，并对酸碱盐具有良好的耐腐蚀性。

三、陶瓷面砖的成型与表面装饰

陶瓷面砖在焙烧前需按一定比例拌和好原料，按一定的规格成型。成型后的坯料要求几何形状准确、平整，有一定的强度并且具有抵抗一定变形和干裂的能力。常用的成型方法有半干压法和浇注法。

陶瓷的表面装饰是对陶瓷表面进行艺术性加工的重要手段。它一般是通过对陶瓷坯体颜色等的改变或在坯体表面上施釉来实现的。前者是在坯料中加入适量的着色氧化物，使之以定的分散方式（如均匀分布或非均匀分布）存在于坯料中，从而使烧成后的陶瓷制品的内部、表面均具有所需的各种颜色或色斑，此种方法用于无釉陶瓷制品，如陶瓷锦砖、无釉地砖等。施釉是最常用的表面装饰方法，此外还有彩绘、饰金等手法。

（一）上釉

釉面层是由高质量的石英、长石、高岭土等为主要原料制成浆体，涂于陶瓷坯体表面二次烧成的连续玻璃质层，具有类似于玻璃的某些性质，它使陶瓷制品表面密实、光亮、不吸水、抗腐蚀、耐风化、易清洗。彩釉和艺术釉还具有多变的装饰作用。

釉的种类繁多，组成复杂，按其表面特征可分为透明釉、有色釉、无光釉、沙金釉、结晶釉、流动釉、裂纹釉等。

1．釉的特点、性质

（1）釉的特点

釉是一种玻璃质的材料，具有玻璃的通性：无确定的熔点，只有熔融范围，硬、脆、各向同性、透明、具有光泽，而且这些性质随温度的变化规律与玻璃相似。但釉与玻璃有很大差别。首先，釉在熔融软化时必须保持黏稠而且不流坠，以满足烧制过程中不在坯体表面流走，特别是在坯体直立的情况下不致形成流坠纹（某些特意要形成流纹的艺术釉除外）。其次，在焙烧过程的高温作用下，釉中的一些成分挥发，且与坯体中的某些组成物质发生反应，以致使釉的微观结构和化学成分的均匀性都比玻璃差。

（2）釉的性质

为满足陶瓷制品对釉的要求，釉必须具有以下性质：

① 釉料必须在坯体烧结温度下成熟，一般要求釉的成熟温度略低于坯体烧成温度。为适应一次烧成技术，釉应具有较高的始熔温度和较宽的熔融温度范围。

② 釉料要与坯体牢固绕合，其热胀系数接近或略小于坯体的热胀系数（某些特殊的装饰釉除外），以保持在使用过程中，遇到温度变化情况，不致发生开裂或釉面脱离现象。

③ 釉料在高温熔融软化后，要有适当的黏度和表面张力以保证冷却后形成平滑的釉面层。

④ 釉面质地坚硬，耐磕碰，不易磨损。

2．常见釉的品种

釉的成分极为复杂，各品种的烧制工艺不同，适宜使用的陶瓷种类也不一样。

（1）透明釉

通过釉层可以看见釉下坯体的颜色及各种雕刻和彩饰的釉。透明釉可分为无色和着色清沏透明的釉。透明釉的常见品种有日用瓷和卫生瓷上用的石灰釉、长石釉及釉面砖上使用的铅硼。

(2) 有色釉

色釉是金属氧化物着色的产物，其色彩明艳。色釉根据处理方法的不同可分为 3 类：一类是单色釉产品，如祭红、琅窑红、影青等；第二类是利用色釉的质地在不同温度和气氛的变化下得到的效果不同的产品；第三类是在第二类的基础上辅以绘画、美术进行综合装饰的产品，如图 6-4 所示。

图 6-4　有色釉

(3) 结晶釉

结晶釉的釉层中晶体呈星形、冰花、晶簇、散形松针形、雷花形、花条、花网和纤维状等，具有很强的装饰性，如图 6-5 所示。

图 6-5　结晶釉

（4）沙金釉

沙金釉是釉内氧化铁微晶呈现金子光泽的一种特殊釉，因其形似自然界中的沙金石而得名。微晶的颜色视其粒度而异，最细者发黄色，最粗者发红色。为缩晶体的铁矽金釉的晶粒粗大，为晶体的铬沙金釉的晶粒小，前者称为金星釉，后者称为猫眼釉，如图6-6所示。

图6-6　沙金釉

（5）无光釉

无光釉是将陶瓷在釉烧温度下烧成后，缓慢冷却，可使表面呈现丝状、绒状或玉石状的光泽，而不出现对光的强烈反射。冷却速度是制造无光釉的关键之处，采用缓慢冷却，可以使材釉析晶而无光，如图6-7所示。

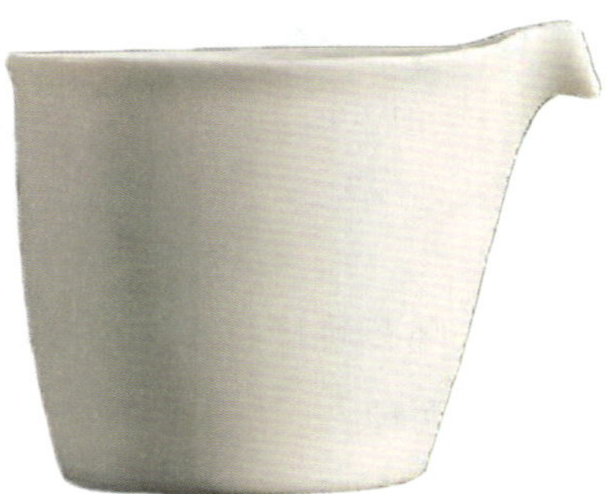

图6-7　无光釉

（6）流动釉

流动釉是采用易溶釉料施于陶瓷坯体表面，在烧成温度下故意将其过烧，以造成因为过烧而使釉沿着坯体的斜面向下流动，形成一种自然活泼的条纹艺术釉饰，如图6-8所示。

图 6-8　流动釉

(7) 裂纹釉

瓷器釉面布满许多小裂纹，有疏有密，有粗有细，有长有短，有曲有直，形似龟裂、蟹爪或冰裂的纹路，称为裂纹釉。开裂本是制瓷工艺中的一种缺陷，后来用作装饰瓷器，哥窑即以此特点而著称。该裂纹又称冰裂纹，按颜色分有鳝血、金丝铁线、浅黄鱼子纹等，按形状可分为网形纹、梅花纹、细碎纹等，如图 6-9 所示。

图 6-9　裂纹釉

(二) 彩绘

彩绘是在坯体上用人工或印刷、贴花转移等方法制成各种图案形成釉层部分的陶瓷装饰方法，分为釉下彩绘和釉上彩绘两种。

釉下彩绘是陶瓷器的一种主要装饰手段，是在生坯或素烧后的坯体上进行彩绘，然后罩以白色透明釉或者其他浅色面釉，入窑高温（1 200 ~1 400 ℃）一次烧成。由于受后施釉面层烧成温度的影响，一般釉下彩绘所用颜料为高温颜料，种类较少，生成的颜色不够丰富。常选用的矿物颜料有氧化钴（青色）、铜红（红色）、锑锡黄（黄色）、氧化锰（红色）等。釉下彩绘的特点是彩绘有釉层作保护，所以图案耐磨损，釉面清洁光亮，使用过程中颜料不溶散，使用较安全。我国历史上有名的青花瓷即为釉下彩绘，釉里红、釉下五彩是近代有名的釉下彩品种，如图 6-10 所示。

图 6-10　釉下彩绘

釉上彩绘采用釉烧过的坯体，在釉层上用低温颜料（600 ~900 ℃烧成）进行彩绘，然后进行彩烧而成（釉烧在前）。采用的是低温颜料，故颜色多变。除手工绘画外，还可以用贴花、喷花、刷花等方法绘制，生产效率高，价格适中，是广泛运用的一种陶瓷装饰工艺。釉上彩绘颜料无釉层保护，图案易磨损，在使用中颜料所加的含铅助熔剂可能溶出，对人体产生有害影响，如图 6-11 所示。

图 6-11　釉上彩绘

（三）贵金属装饰

将金、银、铂等贵金属，用各种方法置于陶瓷表面形成富有贵金属色泽的图案，具有华丽、高贵的效果，是高级陶瓷制品的一种艺术处理方法。贵金属装饰中最常用的是饰金装饰。高档釉面砖常采用饰金装饰来进行图案的描边处理，具有良好的装饰效果，但由于纯金较软，易于磨损，该种釉面砖装饰部位要慎重选择。

第二节　常用陶瓷材料品种

常用陶瓷材料主要有陶瓷饰面砖、陶瓷卫生洁具两大类。

一、陶瓷饰面砖

陶瓷饰面砖是相对于其他具有较强体积感的陶瓷产品而言的陶瓷平面材料，其厚度与长宽相比尺寸差别较大。

（一）陶瓷饰面砖的分类

陶瓷饰面砖可按其外观特征、用途和功能性等进行分类。

1．按表面质感分类

陶瓷从表面质感上可分为光洁平面、麻面、磨光面、抛光面、无光釉面、压花浮雕面、防滑面、几何点线面、金属光泽面等，以及釉裂、釉泡、脏点等独特效果的装饰表面，如图 6-12 所示。

图 6-12　陶瓷饰面砖

2. 按外观形状分类

陶瓷按外观形状分为正方形、长方形、三角形、扇形、梯形、多边形及异形等，并可加工切割成各种拼花所需要的形状。

在实际的表现中，应根据对象、面积的大小或空间功能的要求进行选择和组合。饰面砖的尺寸大小、釉色、形状、质地及拼接缝线的粗细，都影响着镶贴时排列的形式美感，如图 6-13 所示。

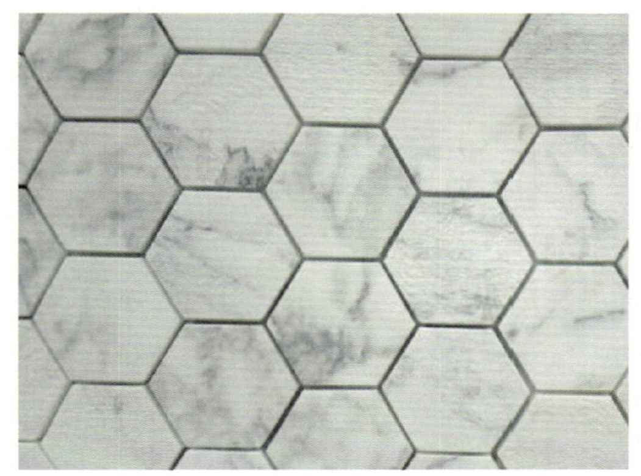

图 6-13　墙砖的镶贴形式

3. 按用途分类

陶瓷按用途可分为内外墙面砖、地面砖、锦砖（马赛克）。

（二）饰面砖常见品种

1. 玻化砖

通过现代技术改进的全瓷化瓷质地砖，又称玻化石。玻化砖是所有瓷砖中最硬的一种，由石英砂、泥按照一定比例高温烧制而成，是通体砖坯体的表面经过打磨而成的一种光亮的砖，属通体砖的一种。

玻化砖色彩艳丽柔和、无明显色差、质感优雅、性能稳定、强度高、耐磨（是普通瓷砖的 4.5 倍）、吸水率低。高温烧结、完全瓷化生成了莫来石等多种晶体，理化性能稳定，耐腐蚀、耐酸碱、抗污性强。厚度相对较薄，抗折强度高，砖体轻巧，建筑物荷重减少。抗折强度大于 45 MPa（花岗岩抗折强度为 17 ~20 MPa），无有害元素，各种理化性能比较稳定，符合环保要求，是替代天然石材较好的瓷制产品。可用于家居、写字楼、餐馆等地面铺贴，特别适合于化工、食品、仪器及设备制造等车间、仓库、广场、停车场等地面铺贴，如图 6-14 所示。

图 6-14 玻化砖

在玻化砖没有使用前式清洁以后，在表面涂刷一层 SW 防水防污剂，可阻止水分及污垢的侵入，而且不会改变玻化砖原有的亮丽效果，使以后的清洁变得简单。玻化砖的清洁见表 6-1。

表 6-1 玻化砖的清洁

污染物	清理方式
茶渍、果渍、咖啡酱醋、皮鞋印等污渍	使用次氯酸钠稀释液（漂白剂）浸泡 20～30 min 后用布擦净，渗入砖内时间较长的污渍，浸泡时间需几个小时
墨水、霉点	使用漂白剂涂在污渍处浸泡几分钟后擦净
水泥、水垢、水锈、锈斑	使用盐酸或磷酸溶液，多擦几遍
油漆、油污、油性记号笔	使用碱性清洁剂或有机溶剂（丙酮、三乙烯），去漆去油污剂

2. 微晶石

微晶石（见图 6-15）也称为玻璃陶瓷，是微晶玻璃与陶瓷板材的平面复合材料，是将一层 3 ~5 mm 的微晶玻璃复合在陶瓷玻化石的表面，经二次烧结后完全融为一体的产品。

微晶玻璃集中了玻璃与晶体材料（包括陶瓷材料）二者的特点，热膨胀系数小，硬度高、耐磨，质感晶莹剔透，带有自然生长而又变化各异的仿石纹理，色彩鲜明、耐风化性、不受污染、易于清洗，多数为大尺寸。它吸收了陶瓷板材机械强度大、韧性强、耐冲击性能好、耐化学腐蚀性能高的优点，使机械性能优于纯微晶玻璃，且提高了耐酸耐碱、耐化学洗涤液的性能，性能优于天然石材。

图 6-15 微晶石

3. 釉面砖

釉面砖（见图 6-16）是以瓷土为主要原料加压成型和浇注成型，干后通过温度 1 200 ~1 280 ℃素烧而成的。釉面砖又可以分为光面釉面砖和哑光釉面砖两类。釉面砖防渗、耐脏，防滑性好，韧性好，耐冷耐热，吸水率为 10% ，耐磨性稍差，被广泛使用于墙面和地面装修，多被用于厨房和卫浴间中。

图 6-16 釉面砖

4. 陶瓷锦砖

陶瓷锦砖又名陶瓷马赛克或纸皮砖，是以优质瓷土为主要原料，采用半干法压制成型后，再经 125 ℃高温烧结而成的，具有抗腐蚀、耐磨、抗压、耐水、吸水率小（0.2% 以下）、不褪色、易清洗等特点，其颜色和形状有多种，如图 6-17 所示。

陶瓷锦砖分有釉及无釉两种，按其断面又分凸面和平面两种，凸面陶瓷锦砖多用于室外墙面，以及室内浴室、洗手间、厨房、游泳池等壁面铺装，平面陶瓷锦砖则多用于地面铺设。陶瓷锦砖由于单位面积小，用于大面积镶贴时，形成一种视觉肌理效果，又加上色泽丰富，因此，又常用作室内外装饰壁画。

图 6-17　陶瓷锦砖

5. 劈离砖

劈离砖是目前发展起来的新型饰面砖，它是将一定配比的原料，经粉碎、炼泥、真空挤压成型，再经干燥后高温烧结而成。其坯体坚实、强度高，表面强度大、耐磨、防滑，耐腐抗冻，冷热性能稳定，吸水率低（1%~3%）。背面凹槽纹与黏结水泥砂浆形成楔形结合，从而增加铺贴的牢固度。

劈离砖表面质感变化多样，釉色丰富。其常用规格有：240 mm×52 mm，240 mm×115 mm，194 mm×94 mm，厚 11 mm；190 mm×190 mm，240 mm×52 mm，240 mm×115 mm,194 mm×52 mm，194 mm×94 mm，厚 13 mm。

劈离砖可用于餐厅、酒吧、候车室、停车场、走廊、人行道、广场、公园、游泳池等地面铺设，以及各类建筑物外墙镶贴，如图 6-18 所示。

图 6-18　劈离砖

6. 金属光泽釉面砖

金属光泽釉面砖是一种表面呈现金、银等金属光泽的釉面墙地砖。在炽热的釉层表面，喷涂有机或无机金属盐溶液，通过高温热解，在釉表面形成一层金属氧化物薄膜，这层薄膜随所用金属盐离子本身的颜色不同而产生不同的金属光泽。该种面砖可利用现有的窑炉和生产线，只要在窑内加装专用热喷涂设备（应用压缩空气），即可使面砖的釉烧和喷涂着色同时完成，可大大节约投资、降低成本。该种面砖的规格同普通的陶瓷墙地砖，特别是条形砖的应用较为广泛。

金属光泽釉面砖是一种高级墙体饰面材料，可呈现出清新绚丽，金碧辉煌的特殊效果。它适用于高级宾馆、饭店及酒吧、咖啡厅等娱乐场所的内墙饰面，其特有的金属光泽和镜面效果，使人在雍容华贵中享受到浓郁的现代气息，如图 6-19 所示。

图 6-19　金属光泽釉面砖

7. 渗花砖

渗花砖不同于在坯体表面施釉的墙地砖，它采用焙烧时可渗入到坯体表面下 1 ~ 3 mm 的着色颜料，使砖面呈现各种色彩或图案，然后经磨光或抛光表面而成。渗花砖属于烧结程度较高的瓷质制品，因而其强度高、吸水率低。特别是已渗入到坯体的色彩图案具有良好的耐磨性，常用于铺地，经长期磨损而不脱落、不褪色。渗花砖适用于商业建筑、写字楼、饭店、娱乐场所室内外地面及墙面的装饰，如图 6-20 所示。

图 6-20　渗花砖

二、陶瓷卫生洁具

卫生陶瓷是指卫生间、厨房和试验室等场所用的带釉陶瓷制品，也称卫生洁具。以高岭土（20%~30%）、高塑性黏土（20%~30%）、石英（30%~40%）和钾长石（10%~20%）为制坯主要原料，加入水和少量电解质，经磨细调制成规定性能的泥浆；以长石、石英、石灰石、白云石、滑石、菱镁石、氧化锌、碳酸钡为基础釉原料；以锆英石、氧化锡作白釉的乳浊剂；以铬锡红、铬绿、钒锆黄、钒锆蓝、镨锆黄、镨锆蓝等陶瓷颜料作色釉的着色原料，在1 250~1 280 ℃温度条件下一次烧成，如图6-21所示。

图6-21　陶瓷卫生洁具

我国生产的卫生陶瓷产品多属半瓷质和瓷质，有洗面器、大便器、小便器、妇洗器、水箱、洗涤槽、浴盆等品类。每一品类又有许多形式，例如：洗面器有台式、墙挂式和立柱式等；大便器有坐式和蹲式；坐便器又按其排污方式有冲落式、虹吸式、喷射虹吸式、旋涡虹吸式等。

第三节　建筑砖瓦制品

一、建筑砖制品

我国在春秋战国时期陆续创制了方形和长形砖，秦汉时期制砖的技术和生产规模、质量和花式品种都有显著发展，世称“秦砖汉瓦”。

黏土砖分为实心和空心砖块两种，其原材料是黏土和沙的混合物，在塑性状态时，被模制成长方块，然后放到窑里烧制。普通砖（实心黏土砖）的标准规格为 240 mm×115 mm×53 mm（长×宽×厚）。

常见砖的品种分类如下：

1. 按材质分

砖按材质可分为黏土砖、页岩砖、煤矸石砖、粉煤灰砖、灰砂砖、混凝土砖等。

2. 按孔洞率分

砖按孔洞率可分为实心砖、空心砖、多孔砖（见图 6-22）。

3. 按生产工艺分

砖按生产工艺可分为烧结砖、蒸压砖、蒸养砖等。

图 6-22　多孔砖

二、建筑琉璃制品

建筑琉璃制品是我国传统的极富民族特色的建筑陶瓷材料。早在北魏时期就已有琉璃瓦的生产。

琉璃制品用难熔黏土制成坯泥，制坯成型后经干燥、素烧、施色釉、釉烧而成。质细致密、表面光滑、不易玷污、坚实耐久、色彩绚丽、造型古朴，富有民族特点。常见颜色有金黄、翠绿、宝蓝等。

中国古代建筑的琉璃制品分瓦制品和园林制品两大类。琉璃瓦制品主要用于各种形式的屋顶，有的是专供屋面排水防漏的；有的是构成各种屋脊的屋脊材料；有的则纯属装饰性的物件，品种很多，可分为瓦类（筒瓦、板瓦、勾头、滴水等）、脊类（正脊筒瓦、垂脊筒瓦、三连砖、当勾等）、饰件类（正吻、吞脊兽、垂兽、仙人等）。园林琉璃制品有窗、栏杆等，如图 6-23 所示。

图 6-23　建筑琉璃制品

三、黏土瓦

黏土瓦（见图 6-24）的生产工艺与黏土砖相似，以黏土（包括页岩、煤矸石等粉料）为主要原料，经泥料处理、成型、干燥和焙烧而制成，表面可上釉。我国目前生产的黏土瓦有小青瓦、脊瓦和平瓦，色彩有青、红两种颜色。瓦材具有阻水、泄水、隔热保温作用，亦有古朴厚重的装饰效果。

图 6-24　黏土瓦

第七章　建筑玻璃

玻璃最初由火山喷出的酸性岩凝固而得，一种坚硬、易碎的透明或半透明物质，最初被罗马人于公元 4 世纪应用于建筑上。现代设计中玻璃的运用更加广泛，其制品有平板玻璃、装饰玻璃、安全玻璃、节能玻璃、玻璃锦砖等。近年来，各种新品种装饰玻璃制品的出现为建筑装饰工程提供了更多的选择。

第一节　玻璃的基本知识

一、玻璃组成

建筑玻璃是以石英砂、纯碱、石灰石、长石等为主要原料，经 1 550 ~1 600 ℃高温熔融、成型，并经快速冷却而制成的固体材料。其主要成分是 SiO_2（含量 72% 左右）、Na_2O（含量 15% 左右）和 CaO（含量 9% 左右），另外还有少量的 Al_2O_3、MgO 等。如在玻璃中加入某些金属氧化物、化合物或采用特殊工艺，还可以制得各种不同特殊性能的玻璃。

二、玻璃的基本性质

由于玻璃是非晶态结构，即无定型非结晶体，其物理性质和力学性质等是各向同性的。

（一）玻璃的密度

玻璃的密度与其化学组成有关，且随温度升高而有所减小。普通玻璃的密度为 2.5 ~ 2.6 g/cm^3。

（二）力学性能

1. 抗压强度

玻璃的抗压强度取决于其化学组成，杂质含量及分布，材料产品的形状、表面状态和性质、加工方法等。玻璃的理论强度高，约为 10 000 MPa，但实际因为杂质、造型等因素，抗压强度却很低，一般可达 600 ~1 200 MPa。二氧化硅含量高的玻璃有较高的抗压强度，而氧化钙、氧化钠和氧化钾等氧化物是降低玻璃抗压强度的因素。

2. 抗拉强度

玻璃的抗拉强度很小，为 40 ~80 MPa。玻璃是典型的脆性材料，在冲击力的作用下容易破碎。

3. 硬度

一般玻璃的硬度比较大，其莫氏硬度在 4 ~7 之间。

（三）玻璃的光学性质

玻璃是一种高度透明的材料，具有一定的光学常数、光谱特性，吸收或透过紫外线、红外线，感光、光变色、光存储和显示等重要光学性能。玻璃透光率是衡量玻璃质量好坏的主要指标。透光率受玻璃本身的质量、厚度、层数及玻璃着色、表面加工处理等有关。

（四）玻璃的热工性质

玻璃是热的不良导体，玻璃的导热性能与玻璃的化学组成有关，导热系数一般为 0.75 ~0.92 W/(m·K)，大约为铜的 1/400。当玻璃温度急变时，因玻璃的厚度、温度不同故膨胀量不同而产生内应力，当内应力超过玻璃极限强度时，就会造成玻璃碎裂。玻璃抵抗温度变化而不破坏的性质称为热稳定性，玻璃抗急热破坏的能力比抗急冷破坏的能力强，这是因为受急热时玻璃表面产生压应力，而受急冷时玻璃表面产生的是拉应力，玻璃的抗压强度远高于抗拉强度。

（五）电学性质

常温下玻璃是绝缘体，有些玻璃则是半导体材料。当温度升高时，玻璃的导电性迅速提高，熔融状态时则变为良导体。

（六）化学稳定性

玻璃具有较高的化学稳定性。通常情况下，大多数玻璃材料能抗除氢氟酸以外的各种酸类物的侵蚀，但玻璃耐碱腐蚀能力较差。玻璃长期在空气和雨水中也会受到侵蚀，化学稳定性变差，从而导致玻璃的破坏。

三、建筑玻璃的功能用途

玻璃的基本功能是采光与维护。现代的玻璃由过去单纯为采光材料向控制光线、调节热量、节约能源、控制噪声、减轻建筑结构自重、改善环境等方向发展，同时用着色、磨光、刻花等办法获得各种装饰效果。

四、建筑玻璃的分类

建筑玻璃按生产方法和功能特性可分为以下几类：

（一）平板玻璃

平板玻璃是建筑工程中应用量比较大的建筑材料之一，它主要包括：

① 透明窗玻璃：一般平板玻璃，大量用于建筑采光。

② 不透明玻璃：采用压花、磨砂等方法制成的透光不透视的玻璃。

③ 装饰类玻璃：采用蚀花、压花、着色等方法制成具有较强装饰性的玻璃。

④ 安全玻璃：玻璃经过钢化或在玻璃夹金属丝（网）夹层而成的玻璃。

⑤ 镜面玻璃：即镜子。

⑥ 装饰－节能型玻璃：能透射大部分的可见光，具有吸热、热反射或隔热等性能的玻璃。

（二）建筑艺术玻璃

建筑艺术玻璃是指用玻璃制成的具有建筑艺术性的屏风、花饰、扶栏雕塑及玻璃锦砖等。

（三）玻璃建筑构件

玻璃建筑构件主要有空心玻璃砖、波形瓦、门、壁板等，如图 7-1 所示。

图 7-1　玻璃建筑构件

（四）玻璃质绝热、隔声材料

玻璃质绝热、隔声材料包括泡沫玻璃、玻璃棉毡、玻璃纤维等，如图 7-2 所示。

图 7-2　玻璃质绝热、隔声材料

第二节　玻璃材料的生产与表面加工

一、玻璃的生产工艺

平板玻璃的成型从公元 5 世纪至今经历了从手工到机械、从喷桶成型制版到浮法的巨大变革，较常用的方法有垂直引上法、水平拉引法、压延法及浮法等。

二、玻璃的表面加工

普通平板玻璃经过表面加工后，可以改善外观和表面性质，提高装饰性，改善玻璃的物理和力学性能。玻璃的表面加工可分为冷加工、热加工和表面处理三大类。

（一）玻璃的冷加工

在常温下通过机械方法来改变玻璃制品的外形和表面形态的过程，称为冷加工。冷加工的基本方法有研磨抛光、喷砂、切割、钻孔和切削。

1. 研磨抛光

研磨是将玻璃制品粗糙不平处或成型时余留部分的玻璃磨去，以符合设计安装的要求。磨料由粗至细，直至玻璃表面的毛面状态变得细致，再用抛光材料抛光，使毛面玻璃表面得以平滑、透明，并具有光泽。研磨和抛光 2 个工序结合起来俗称研磨抛光。经研磨、抛光后的玻璃制品，称为磨光玻璃。

2. 喷砂、切割与钻孔

喷砂是利用高压空气通过喷嘴细孔时形成的高速气流，带着细粒石英砂或金刚砂等吹到玻璃表面，使表面组织不断受到沙粒的高速冲击而产生破坏，形成毛面的过程。喷砂主要用于玻璃表面磨砂及玻璃仪器商标的打印。

切割是利用玻璃的脆性和残余应力，在切割点加一刻痕造成应力集中，使玻璃易于折断的过程。

钻孔分研磨钻孔、钻床钻孔、冲击钻孔、超声波钻孔等。

（二）玻璃的热加工

通过对建筑玻璃进行热加工处理可以改善其性能及外观质量。玻璃的热加工主要是利用玻璃黏度随温度改变的特性及其表面张力与导热系数的特点来进行的。玻璃的黏度随温度升高而减小，同时玻璃导热系数较小，所以能采用局部加热的方法，在需要加热的地方使其局部达到变形、软化，甚至熔化流动的状态，再进行切割、钻孔、焊接等加工。利用玻璃的表面张力大，有使玻璃表面趋向平整的作用，可将玻璃制品在火焰中抛光。经过热加工的制品，应缓慢冷却，防止炸裂或产生大的永久应力。对许多制品还必须进行二次退火。

（三）玻璃的表面处理

玻璃的表面处理主要分为 4 类，即化学刻蚀、化学抛光、表面金属涂层和表面着色处理。

1. 化学刻蚀

化学刻蚀是用氢氟酸溶掉玻璃表层的硅氧，根据残留盐类溶解度的不同，而得到有光泽的表面或无光泽的毛面的过程。生产中采用的蚀刻剂为蚀刻液或蚀刻膏。制品上不需要腐蚀的部位可涂上保护漆或石蜡。

2. 化学抛光

化学抛光的原理是利用氯氟酸破坏玻璃表面原有的硅氧膜，而形成新的硅氧膜，提高玻璃的光洁度和透光率。化学抛光效率高于机械抛光且节省动力。化学抛光一种是单纯的化学侵蚀作用，另一种是用化学侵蚀和机械研磨相结合。前者多用于玻璃器皿，后者则用于平板玻璃。

采用化学侵蚀与机械研磨结合的方法称化学研磨法。玻璃表面添加磨料和化学侵蚀剂，化学侵蚀生成氟硅酸盐，通过机械研磨面除去，使化学抛光的效率大大提高。

3. 表面金属涂层

玻璃表面镀上一层金属薄膜，广泛用于加工制造热反射玻璃、护目玻璃、膜层导电玻璃、保温瓶胆、玻璃器皿和装饰品等。

4. 表面着色处理

玻璃表面着色就是在高温下用着色离子的金属、熔盐、盐类的糊膏涂覆在玻璃表面上，使着色离子与玻璃中的离子进行交换，扩散到玻璃表层中使其表面着色。

第三节　平板玻璃

平板玻璃是指未经其他加工的平板状玻璃制品，也称为白片玻璃或净片玻璃。按生产方法不同，可分为普通平板玻璃和浮法玻璃。平板玻璃是建筑玻璃中生产量最大的一种，主要用于门窗，起采光（可见光透射比 85%~90%）、围护、保温、隔声等作用，也是进一步加工成其他技术玻璃的原片。

一、平板玻璃的分类

1. 传统平板玻璃

传统平板玻璃的生产沿用垂直引上法，该方法使熔融的玻璃液垂直向上引拉，经快冷后切割而成。此法生产的玻璃因重力作用容易产生玻筋，当物像透过玻璃时会产生变形；同时，生产的玻璃厚度不均匀，板面易产生麻点、落灰等，所以，它已被浮法玻璃所取代。

2. 浮法玻璃

浮法玻璃是现代最先进的生产平板玻璃的方法。它将熔融的玻璃液从熔炉中引出流入盛有熔锡的浮炉，并在干净的锡液表面上自由摊平，玻璃上表面受到火磨区的抛光，从而使玻璃两个面平整。最后经退火炉退火冷却，并进行切割，从而获得表面平稳、十分光洁、厚度均匀、无玻筋和玻纹的玻璃。

浮法玻璃的折射率约为 1.52，透光率为 85%~90%，紫外线大部分不能透过，但红外线易通过。其产品规格较大，可满足各类大小板材的应用，尤其是大面积的挡壁，减少迸缝或龙骨间接阻隔视线的不透通感，使整体美观等。

3. 磨光玻璃

磨光玻璃又称镜面玻璃，它是将传统平板玻璃经表面磨平、抛光而成。磨光玻璃又分单面和双面磨光玻璃，其表面平整光滑，物像透过玻璃不变形，透光率大于85% 。磨光玻璃常用于门窗、隔断。

二、平板玻璃的等级

按照国家标准，平板玻璃根据其外观质量进行分等定级，普通平板玻璃分为优等品、一等品和二等品 3 个等级。浮法玻璃分为优等品、一级品和合格品 3 个等级。同时规定，玻璃的弯曲度不得超过 0.3%。

三、平板玻璃的应用

通常 3 ~5 mm 平板玻璃直接用于门窗的采光，8 ~12 mm 平板玻璃用于隔断。另外的一个重要用途是作为钢化、夹层、镀膜、中空等玻璃的原片。

第四节　装饰玻璃

随着建筑发展的需要，玻璃生产技术的发展进步，玻璃由过去的单一采光功能向多功能方向发展，其装饰效果不断提高，现已成为一种重要的门窗、外墙和室内用装饰材料。

一、透明彩色平板玻璃

透明彩色平板玻璃又称有色玻璃（见图 7-3），是在平板玻璃中加入一定量的着色金属氧化物，按平板玻璃生产工艺生产而成的。彩色玻璃可以拼成各种图案，并有耐腐蚀、抗冲刷、易清洗等特点，主要用于建筑物的内外墙、门窗装饰及对光线有特殊要求的部位。

图 7-3　透明彩色平板玻璃

二、烤漆玻璃

烤漆玻璃也叫背漆玻璃，是在玻璃的背面喷涂、滚涂、丝网印刷或者淋涂，然后在 30 ~45 ℃的烤箱中烤大约 12 h 制成的，是一种极富表现力的装饰玻璃品种（见图 7-4）。烤漆玻璃常用于制作玻璃台面、背景墙、衣柜柜门、玻璃围栏和外部空间设计等。

图 7-4　烤漆玻璃

烤漆玻璃按制作方式可分为油漆喷涂玻璃和彩色釉面玻璃两种。彩色釉面玻璃，又分为低温彩色釉面玻璃和高温彩色釉面玻璃。油漆喷涂玻璃在日晒过度情况下易于起皮剥落，釉面玻璃不褪色，不掉色，易于清洗，可按用户的要求或艺术设计图案制作。

三、压花玻璃

压花玻璃（见图 7-5）又称为花纹玻璃或滚花玻璃，是在玻璃成型过程中，使塑性状态的玻璃带通过一对刻有图案花纹的辊子，对玻璃的表面连续压延而成的。压花玻璃有一般压花玻璃、真空镀膜压花玻璃、彩色膜压花玻璃等。真空镀膜压花玻璃是经真空镀膜加工制成，给人以一种素雅、美观、清新的感觉，花纹的立体感强，并具有一定的反光性能。在压花玻璃有花纹的一面，用气溶胶对玻璃表面进行喷涂处理，玻璃可呈浅黄色、浅蓝色、橄榄色等。经过喷涂处理的压花玻璃立体感强，彩色膜的色泽、坚固性、稳定性均较好，具有良好的热反射能力。

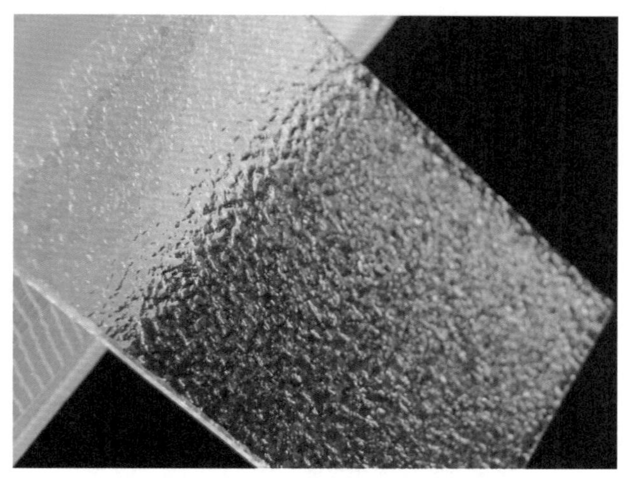

图 7-5　压花玻璃

压花玻璃的一个或两个表面压有深浅不同的各种花纹图案，其表面凹凸不平，当光线通过玻璃时产生无规则的折射，因而压花玻璃具有透光而不透视的特点，并且呈低透光度，透光率为 50% ~70% 。从压花玻璃的一面看另一面的物体时，物像显得模糊不清。压花玻璃适用于宾馆、饭店、餐厅、酒吧、浴室、游泳池、卫生间及办公室、会议室的门窗和隔断等，也可用来加工屏风、灯具等工艺品和日用品。

四、喷花玻璃

喷花玻璃又称为胶花玻璃，是在平板玻璃表面贴以图案，抹以保护面层，经喷砂处理形成透明与不透明相间的图案而成。喷花玻璃给人以高雅、美观的感觉，适用于室内门窗、隔断和采光，如图 7-6 所示。

图 7-6　喷花玻璃

五、乳花玻璃

乳花玻璃是新近出现的装饰玻璃，它的外观与胶花玻璃相近。乳花玻璃是在平板玻璃的一面贴上图案，抹以保护层，经化学蚀刻而成。它的花纹柔和、清晰、美丽，富有装饰性，如图 7-7 所示。

图 7-7　乳花玻璃

六、刻花玻璃

刻花玻璃是由平板玻璃经涂漆、雕刻、围蜡与酸蚀、研磨而成。图案的立体感非常强，似浮雕一般，在室内灯光的照耀下，更是熠熠生辉。刻花玻璃主要用于高档场所的室内隔断或屏风。

刻花玻璃一般是按用户要求定制加工，最大规格为 2 400 mm×2 000 mm，如图 7-8 所示。

图 7-8　刻花玻璃

七、冰花玻璃

冰花玻璃是一种利用平板玻璃经特殊处理形成具有自然冰花纹理的玻璃。冰花玻璃对通过的光线有漫射作用，如作门窗玻璃，犹如蒙上一层纱帘，看不清室内的景物，却有着良好的透光性能，具有良好的艺术装饰效果。它具有花纹自然、质感柔和、透光不透明、视感舒适的特点。

冰花玻璃可用无色平板玻璃制造，也可用茶色、蓝色、绿色等彩色玻璃制造。其装饰效果优于压花玻璃，给人以典雅清新之感，是一种新型的室内装饰玻璃，可用于宾馆、酒楼、饭店、酒吧间等场所的门窗、隔断、屏风和家庭装饰，如图 7-9 所示。

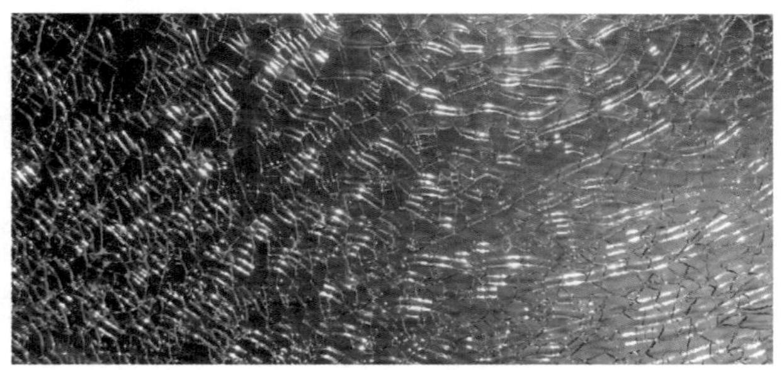

图 7-9　冰花玻璃

八、磨（喷）砂玻璃

磨（喷）砂玻璃又称为毛玻璃或暗玻璃（见图 7-10），是经研磨、喷砂加工，使表面成为均匀粗糙的平板玻璃。用硅砂、金刚砂、刚玉粉等作研磨材料，加水研磨制成的称为磨砂玻璃；用压缩空气将细砂喷射到玻璃表面而成的，称为喷砂玻璃。

磨（喷）砂玻璃表面粗糙，使透过的光线产生漫射，只有透光性而不透视，作为门窗玻璃可使室内光线柔和。这种玻璃一般用于建筑物的卫生间、浴室、办公室等需要隐秘和不受干扰的房间；也可用于室内隔断和作为灯箱透光片使用。

作为办公室门窗玻璃使用时，应注意将毛面朝向室内。作为浴室、卫生间门窗玻璃使用时应使其毛面朝外，以避免淋湿或沾水后透明。

图 7-10　磨砂玻璃

九、镜面玻璃

镜面玻璃即镜子，指玻璃表面通过化学（银镜反应）或物理（真空镀铝）等方法形成反射率极强的镜面反射的玻璃制品。为提高装饰效果，在镀镜之前可对原片玻璃进行彩绘、磨刻、喷砂、化学蚀刻等加工，形成具有各种花纹图案或精美字画的镜面玻璃。

当室内空间有限时，利用镜片进行装饰可以将梁柱等部件隐藏起来，并且从视觉上延伸空间感，使空间看上去变得宽敞。镜片适用于现代风格的空间，不同颜色的镜片能够体现出不同的韵味。

1. 明镜

明镜为全反射镜，用作化妆台、壁面镜屏。一般厚度为 2，3，5，6，8 mm。顶棚及柜门要用轻质玻璃，用 2 ~3 mm 厚的镜子，如用 5 mm 厚的镜子要多加贴布以防滑落，并用金属栓或压条补强。大片质轻而薄的镜子较易变形，故化妆台或墙壁面要用 5 ~6 mm 厚的镜子。

2. 墨镜

墨镜也称黑镜，呈黑灰色。其颜色可分为深黑灰、中黑灰、浅黑灰。特点是反射率低，即使是在灯光照射下也不致太刺眼，有神秘气氛感。质感冷硬，不建议大面积使用，适合用于简约风格的室内空间中，一般用于餐厅、咖啡厅、商店、旅馆等的顶棚、墙壁或隔屏等。

3. 彩绘镜、雕刻镜

制镜时，于镀膜前在玻璃表面上绘出要求的彩色花纹图案，镀膜后即成为彩绘镜。如镀膜前对玻璃原片进行雕刻，则可制得雕刻镜。它通常作为局部点缀使用。

十、LED 玻璃

LED 玻璃是一种 LED 光源与玻璃的完美结合产品，突破了建筑装饰材料的传统概念，有红、蓝、黄，绿、白 5 种颜色。可预先在玻璃内部设计图案或文字，并后期通过 DMX 全数字智能技术实现可控变化，自由掌控 LED 光源的明暗及变化。而内部则采用了完全透明的导线，在玻璃表面看不到任何线路。LED 玻璃多用于公共空间的隔墙装饰，如图 7-11 所示。

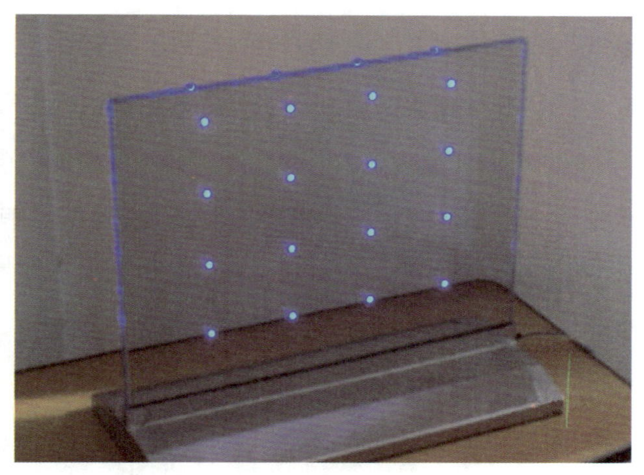

图 7-11　LED 玻璃

十一、玻璃锦砖

玻璃锦砖（见图 7-12）又称玻璃马赛克，是一种小规格的方形彩色饰面玻璃。单块的玻璃锦砖断面略呈倒梯形，正面为光滑面，背面略带凹状沟槽，以利于铺贴时有较大的吃灰深度和粘结面积，粘结牢固而不易脱落。

玻璃锦砖具有较高的强度和优良的热稳定性、化学稳定性，光泽的柔和，表面光滑、不吸水，抗污性好，具有雨水自涤、历久常新的特点；玻璃马赛克的颜色有乳白、姜黄、红、黄、蓝、白、黑及各种过渡色，有的还带有金色、银色斑点或条纹，可拼装成各种图案，或者绚丽豪华，或者庄重典雅，是一种很好的饰面材料，较多应用于建筑物的外墙贴面装饰工程。

图 7-12　玻璃锦砖

十二、琉璃玻璃

琉璃玻璃（见图 7-13）是玻璃原料加上氧化铅而成的水晶玻璃。在玻璃原料中加入不同种类和分量的金属氧化物就能呈现出不同的色彩，如加锰呈现紫色，加钴呈现绿色。琉璃玻璃面（体）积都很小，价格较贵，色彩鲜艳、装饰效果强，有别具一格的造型、丰富亮丽的图案、灵活变幻的纹路，给人以抑或古老的东方韵味，抑或西方的浪漫情怀。可以根据需求定制不同的尺寸与造型。琉璃玻璃的出彩之处，就在于其变幻莫测的色彩和半透明的质感，这种特性如果搭配灯光来表现则更加淋漓尽致。

图 7-13　琉璃玻璃

十三、镶嵌玻璃

镶嵌玻璃是利用各种金属嵌条、中空玻璃密封胶等材料将钢化玻璃、浮法玻璃和彩色玻璃经过雕刻、磨削、碾磨、焊接、清洗、干燥、密封等工艺制造成的高档艺术玻璃（见图 7-14）。镶嵌玻璃能体现家居空间的变化，是装饰玻璃中具有随意性的一种。它可以将彩色图案的玻璃、雾面朦胧的玻璃、清晰剔透的玻璃任意组合，再用金属丝条加以分隔。镶嵌玻璃广泛应用于家庭、宾馆、饭店和娱乐场所的装饰。

图 7-14　镶嵌玻璃

第五节　安全玻璃

普通平板玻璃抗冲击强度和耐热耐冷性能较差，质脆、易碎、使用不安全，保温隔热、隔音、抗紫外线等性能也不能满足现代的设计要求。因而通过高新技术对平板玻璃进行深加工可获得力学强度高、抗冲击能力好的玻璃，其主要品种有钢化玻璃、夹丝玻璃、夹层玻璃和钛化玻璃。安全玻璃被击碎时，其碎块不会伤人，并兼具防盗、防火的功能。根据生产时所用的玻璃原片不同，安全玻璃也可具有一定的装饰效果。

一、钢化玻璃

（一）钢化玻璃的加工方法及性能特点

钢化玻璃（见图 7-15）又称为强化玻璃，是一种预应力玻璃。钢化玻璃是用物理或化学的方法，在玻璃的表面上形成一个压应力层，玻璃本身具有较高的抗压强度，不会造成破坏。当玻璃受到外力作用时，这个压应力层可将部分拉应力抵消，避免玻璃的碎裂。虽然钢化玻璃内部处于较大的拉应力状态，但玻璃的内部无缺陷存在，不会造成破坏，从而达到提高玻璃强度的目的。

钢化玻璃是平板玻璃的二次加工产品，钢化玻璃的加工可分为物理钢化法和化学钢化法。

图 7-15　钢化玻璃

1. 物理钢化玻璃

物理钢化玻璃又称为淬火钢化玻璃。将普通平板玻璃在加热炉中加热到接近玻璃的软化温度（600 ℃）时，通过自身的形变消除内部应力，然后将玻璃移出加热炉，再用多头喷嘴将高压冷空气吹向玻璃的两面，使其迅速且均匀地冷却至室温，即可制得钢化玻璃。由于在冷却过程中玻璃的 2 个表面首先冷却硬化，待内部逐渐冷却并伴随着体积收缩时，外表已硬化，势必阻止内部的收缩，使玻璃处于内部受拉，外部受压的应力状态，即玻璃已被钢化。处于这种应力状态的玻璃，一旦局部发生破损，会发生应力释放，玻璃被破碎成无数小块，这些小的碎块没有尖锐棱角，不易伤人。因此物理钢化玻璃是一种安全玻璃。

2. 化学钢化玻璃

化学钢化玻璃是通过改变玻璃表面的化学组成来提高玻璃的强度，一般是应用离子交换法进行钢化。其方法是将含碱金属离子钠（Na^+）或钾（K^+）的硅酸盐玻璃，浸入到熔融状态的锂（Li^+）盐中，使玻璃表层的 Na^+ 或 K^+ 与 Li^+ 发生交换，表面形成 Li^+ 交换层；由于 Li^+ 的膨胀系数小于 Na^+、K^+，从而在冷却过程中造成外层收缩较小而内层收缩较大；当冷却到常温后，玻璃便处于内层受拉应力外层受压应力的状态，其效果类似于物理钢化玻璃，因此也就提高了强度。

（二）钢化玻璃的性能特点

钢化玻璃抗折强度可达 125 MPa 以上，比普通玻璃大 4 ~5 倍。抗冲击强度也很高，用钢球法测定时，5 mm 钢化玻璃用 1 kg 的钢球从 1.3 m 高度落下，玻璃可保持完好。钢化玻璃热稳定性也较好，在受急冷急热作用时，不易发生炸裂。钢化玻璃耐热冲击，最大安全工作温度为 288 ℃，能承受 204 ℃的温差变化。

钢化玻璃性能要求见表 7-1。

表 7-1　钢化玻璃的技术性能

项目		性能指标	
抗冲击强度	厚度/mm	5	6
	钢球质量/g	500 ± 10	500 ± 10
	自由落下高度/m	1.3	1.9
	冲击结果	不碎	不碎
安全性	碎片形状	蜂窝状	蜂窝状
	碎片面积/mm^2	< 300	< 200
	碎片最大长度/mm	<80	<50
抗弯曲强度/MPa		125	
耐急温变性		将钢化玻璃置于 −40 ℃的冷冻箱内，保持 2 h 取出，将金属铅浇铸其上，玻璃表面不碎不裂；将钢化玻璃置于 200 ℃的炉内，取出投入 30 ℃的水中，不碎不裂	

（三）钢化玻璃的应用

由于钢化玻璃具有较好的机械性能和热稳定性，平面钢化玻璃常用作建筑物的门窗、隔墙、幕墙及橱窗、家具等，曲面玻璃常用于汽车、火车、船舶、飞机等方面。钢化玻璃不能切割、磨削，边角亦不能碰击挤压，需按现成的尺寸定制加工。用于大面积玻璃幕墙要选择半钢化玻璃，避免风荷载引起震动而自爆。钢化玻璃的表面会存在凹凸不平现象（风斑），厚度有轻微的变薄。玻璃在热熔软化后再经过强风使其快速冷却，使其玻璃内部晶体间隙变小，压力变大，所以玻璃钢化后要比钢化前要薄，钢化前厚度为 11 mm的玻璃钢化后可能只有 9 mm，所以若保证使用厚度，可购买厚一些的原片。

不同的玻璃原片可制成普通钢化玻璃、吸热钢化玻璃、彩色钢化玻璃等。

二、夹丝玻璃

夹丝玻璃（见图 7-16）也称防碎玻璃或钢丝玻璃，它是由压延法生产的，即在玻璃熔融状态时将钢丝或钢丝网压入玻璃中间，经退火、切割而成。夹丝玻璃表面可以是压花的或磨光的，颜色可以制成无色透明或彩色的。

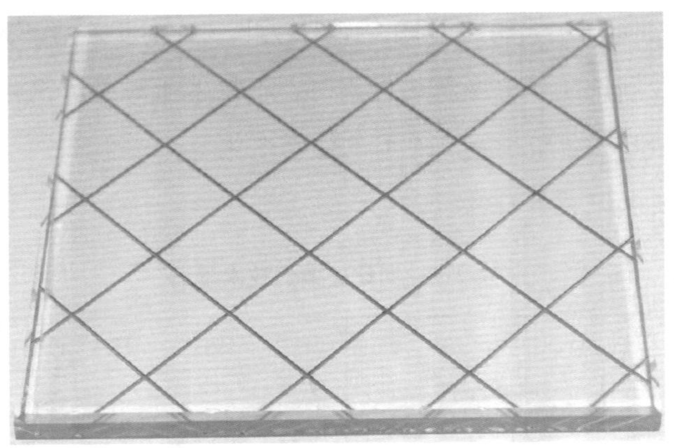

图7-16　夹丝玻璃

（一）夹丝玻璃的性能特点

夹丝玻璃由于钢丝网的骨架作用，不仅提高了玻璃的强度，而且遭受冲击或温度骤变而破坏时，碎片也不会飞散，避免了碎片对人的伤害作用。当火焰蔓延，夹丝玻璃受热炸裂时，玻璃仍能保持固定，隔绝火焰，故又称防火玻璃。

（二）夹丝玻璃的应用

夹丝玻璃可用于建筑的防火门窗、天窗、采光屋顶、阳台等部位。

夹丝玻璃可以切割，断口处裸露的金属丝要做防锈处理，以防锈造成体积膨胀引起玻璃“锈裂”。与铝合金或塑料型材组装时不宜使用醋酸系列硅酮密封胶作密封材料。

三、夹层玻璃

夹层玻璃是在两片或多片玻璃原片之间，用 PVB（聚乙烯醇缩丁醛）树脂胶片，经加热、加压粘合而成的平面或曲面的复合玻璃制品。安全性好，破碎时，玻璃碎片不零落飞散，只能产生辐射状裂纹，不伤人。抗冲击强度优于普通平板玻璃，并有耐光、耐热、耐湿、耐寒、隔音等功能，多用于与室外接壤的门窗。夹层玻璃的厚度，一般为6～10 mm。用于生产夹层玻璃的原片可以是普通平板玻璃、浮法玻璃、钢化玻璃、彩色玻璃、吸热玻璃或热反射玻璃等。夹层玻璃的层数有2，3，5，7层，最多可达9层，对于两层的夹层玻璃，原片的厚度一般常用2+3，3+3，3+5等，如图7-17所示。

图 7-17　夹层玻璃

(一) 夹层玻璃的性能特点

夹层玻璃具有防爆和抵抗极强风压的能力。当受到外力撞击时，玻璃布满裂纹，玻璃碎片不会掉落，仍与 PVB 胶膜粘结在一起，安全性能良好。能降低室外各种低频或高频噪音。PVB 中间膜能吸收至少 99.5% 的紫外线，故能防止室内织物、墙纸、地板等材料老化褪色。对室内的光线和温度起到优异的调节作用，减少空调和取暖的能耗。

夹层玻璃的技术性能见表 7-2，夹层玻璃的外观质量见表 7-3。

表 7-2　夹层玻璃的技术性能

项目	指标
耐热性	(60 ±2)℃无气卷或脱胶现象
耐湿性	当玻璃受潮气作用时，能保持其透明度及强度不变
机械强度	用 0.8 kg 的钢球自 1 m 处自由落下，试样不破碎成分离的碎片，只有辐射状的裂纹和微量的玻璃碎屑，落下的玻璃碎屑不超过试件质量的 0.5%，碎屑最大长度不超过 1.5 mm
透明度	82% [(2 +2) mm 厚玻璃]

表 7-3　夹层玻璃的外观质量

缺陷名称	优等品	合格品
胶合层气泡	不允许存在	直径 300 mm 圆内允许长度为 1 ~2 mm 的胶合层气池 2 个
胶合层杂质	直径 500 mm 圆内允许长 2 mm 以下的胶合层杂质 2 个	直径 500 mm 圆内允许长 3 mm 以下的胶合层杂质 4 个
裂痕	不允许存在	
爆边	每平方米玻璃允许有长度不超过 20 mm，自边部向玻璃表面延伸深度不超过 4 mm，白玻璃表面向玻璃厚度延伸深度不超过厚度的一半	
	4 个	6 个

续表

缺陷名称	优等品	合格品
叠差	不得影响使用，可由供需双方商定	
磨伤		
脱胶		

（二）夹层玻璃的应用

夹层玻璃有着较高的安全性，一般在建筑上用作高层建筑的门窗、天窗和商店、银行、珠宝店的橱窗、隔断等。夹层玻璃不能切割，需要选用定型产品或按尺寸定制。

四、钛化玻璃

钛化玻璃又称永不碎裂铁甲箔膜玻璃，是将钛金箔膜紧贴在任意一种玻璃基材之上，使之结合成一体的新型玻璃。钛化玻璃具有高抗碎能力以及抗防热及防紫外线等功能。不同的基材玻璃与不同的钛金薄膜，可组合成不同色泽、不同性能、不同规格的钛化玻璃。

钛金箔膜又称铁甲箔膜，是一种由 PET（季戊四醇）与钛复合而成的复合箔膜，经由特殊的黏合剂，可与玻璃结合成一体，从而使玻璃变成具有抗冲击、抗贯穿、不破裂成碎片、无碎屑，同时防高温、防紫外线及防太阳能的最安全玻璃。

钛化玻璃常见的颜色有无色透明、茶色、茶色反光、铜色反光等。

钛化玻璃与其他安全玻璃性能的比较见表 7-4。

表 7-4　钛化玻璃与其他安全玻璃性能的比较

性能	玻璃种类			
	钢化玻璃	夹层玻璃	夹丝玻璃	一般玻璃贴钛金箔膜
防碎性	无	无	无	有
热破裂性	无	有	有	无
强度与一般玻璃比较	4 倍	1/2 倍	1 倍	4 倍
6 mm 原片玻璃耐荷/kg	1 320	250	440	1 320
阳光透过率	90% 以上	90% 以上	90% 以上	97% 以上
碎片伤害	视情况	碎屑伤人	碎屑伤人	无
防热防火	差	差	佳	
防湿	无	无	无	有
自行爆破	会	会	会	不会

第六节　功能性玻璃

传统的玻璃应用在建筑上主要是采光，随着建筑物功能的丰富、门窗尺寸的加大，人们对门窗的保温隔热要求也相应提高，节能装饰型玻璃就是能够满足这种要求，集节能性和装饰性于一身的玻璃。建筑上常用的节能装饰型玻璃有吸热玻璃、热反射玻璃和中空玻璃等。

一、吸热玻璃

吸热玻璃（见图7-18）是一种能控制阳光中热能透过的玻璃，可显著吸收阳光中热作用较强的红外线、近红外线，而又保持良好的透明度。吸热玻璃通常都带有一定的颜色，所以也称为着色吸热玻璃。可以在普通玻璃中加入一定量的着色剂，着色剂通常为过渡金属氧化物（如氧化亚铁、氧化镍等），它们具有强烈吸收阳光中红外辐射的能力，即吸热的能力；也可以在玻璃的表面喷涂具有吸热和着色能力的氧化物薄膜（如氧化锡、氧化锑等）。常见的吸热玻璃有蓝色、茶色、灰色、绿色、古铜色等色泽。

图7-18　吸热玻璃

（一）吸热玻璃的性能特点

1．吸收太阳的辐射热

吸热玻璃主要是遮蔽辐射热，其颜色和厚度不同，对太阳的辐射热吸收程度也不同。一般来说，吸热玻璃只能通过大约60% 的太阳辐射热。

2. 吸收太阳的可见光

吸热玻璃比普通玻璃吸收的可见光要多得多。6 mm 厚的古铜色吸热玻璃吸收太阳的可见光是同样厚度的普通玻璃的 3 倍。这一特点能使透过的阳光变得柔和，能有效地改善室内色泽。吸热玻璃与同厚度浮法玻璃吸收太阳辐射热性能比较如图 7-19 所示，同颜色吸热玻璃的性能见表 7-5。

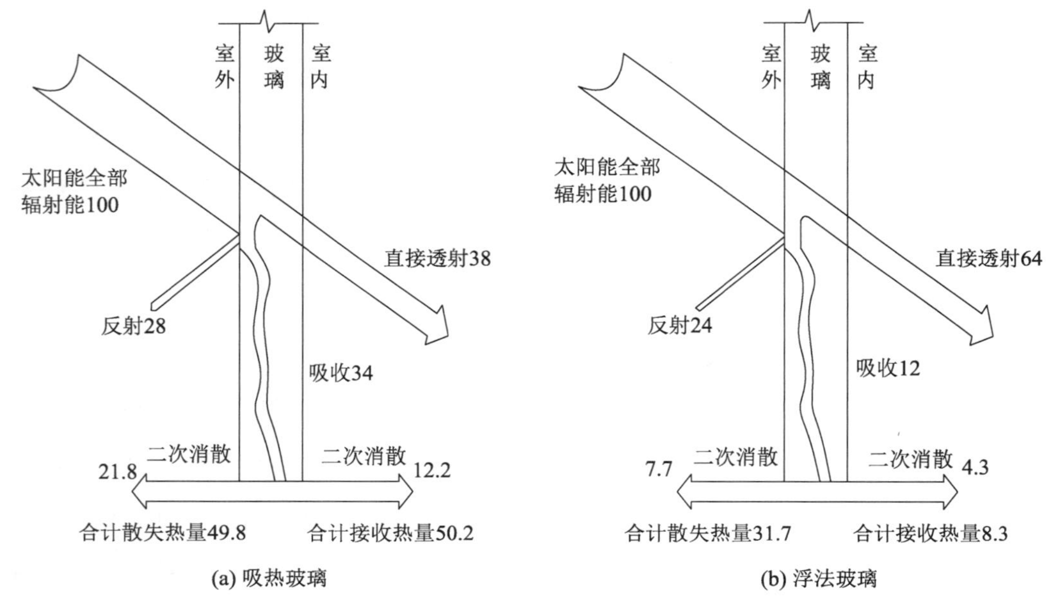

图 7-19　吸热玻璃与同厚度浮法玻璃吸收太阳辐射热性能比较

表 7-5　不同颜色吸热玻璃的性能

品种（5 mm 厚）	可见光透过率/%	吸热率/%
普通平板玻璃	87.6～88	8.0
蓝色吸热玻璃	72.2～85	43.7
青铜色吸热玻璃	50～63.5	30～50
灰色吸热玻璃	50～58.4	30～42

3. 吸收太阳的紫外线

吸热玻璃能有效地防止紫外线对室内家具、日用器具、商品、档案资料与书籍等褪色变质。

4. 具有一定的透明度

能清晰地观察室外景物。

5. 色泽经久不变

能增加建筑物的外形美观。

（二）吸热玻璃的用途

吸热玻璃被广泛应用在建筑装修工程中，凡既需采光又需隔热之处均可采用。采用不同颜色的吸热玻璃不但能合理利用太阳光，调节室内温度，节省空调费用，而且对建筑物的外表有很好的装饰效果。吸热玻璃一般多用作高档建筑物的门窗或玻璃幕墙。

二、热反射玻璃

热反射玻璃（见图 7-20）是由无色透明的平板玻璃、钢化玻璃、夹层玻璃等镀覆金属膜或金属氧化物膜而制得，又称镀膜玻璃、光控制膜玻璃或镜面玻璃，具有较高的热反射性能。生产方法有热分解法、喷涂法、浸涂法、金属离子迁移法、真空镀膜、真空磁控溅射法、化学浸渍法等。常见的颜色有灰色、金色、银色、青铜色、古铜色、蓝色、绿色等。

图 7-20　热反射玻璃

（一）热反射玻璃的特点

1. 良好的隔热性能

热反射玻璃具有良好的遮光性和隔热性能，具有较高的热反射能力，玻璃对可见光的透过率可在 20%~65% 的范围内，它对阳光中热作用强的红外线和近红外线的反射率高达 30% 以上，而普通玻璃只有 7%~8%。这种玻璃可在保证室内采光柔和的条件下，有效地屏蔽进入室内的太阳辐射能。在温、热带地区的建筑物上，以热反射玻璃作窗玻璃，可以克服普通玻璃窗造成的暖房效应，节约室内降温空调的能源消耗。3 mm 普通玻璃与 6 mm 热反射玻璃的性能的比较如图 7-21 所示。

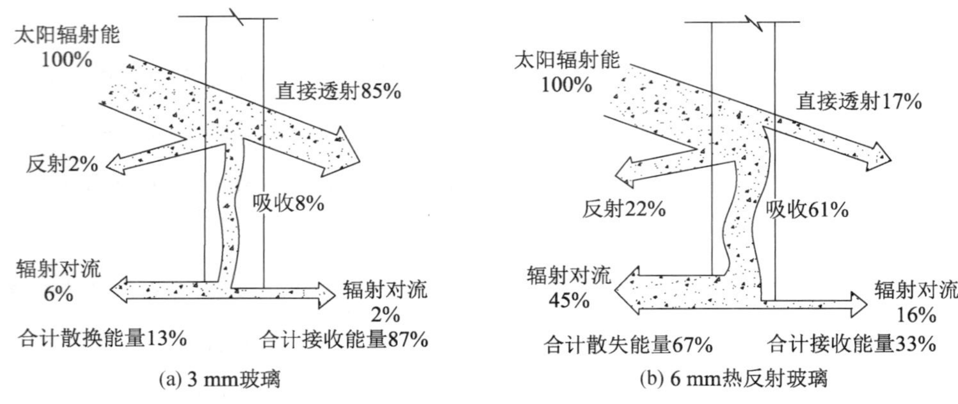

(a) 3 mm玻璃　　(b) 6 mm热反射玻璃

图 7-21　3 mm 普通玻璃与 6 mm 热反射玻璃的性能比较

2. 单向透视性

热反射玻璃的镀膜层具有单向透视性。在装有热反射玻璃幕墙的建筑里，白天，人们从室外（光线强烈的一面）向室内（光线较暗弱的一面）看，由于热反射玻璃的镜面反射特性，看到的是街道上流动着的车辆和行人组成的街景，而看不到室内的人和物，但从室内可以清晰地看到室外的景色。晚间正好相反，室内有灯光照明，就看不到玻璃幕墙外的事物，给人以不受干扰的舒适感。但从外面看室内，里面的情况则一清二楚，如果房间需要隐蔽，可借助窗帘或活动百页等加以遮蔽。

3. 镜面效应

热反射玻璃具有强烈的镜面效应，因此也称为镜面玻璃。用这种玻璃作玻璃幕墙，可将周围的景观及天空的云彩映射在幕墙之上，构成一幅绚丽的图画，使建筑物与自然环境达到完美和谐。

（二）热反射玻璃的应用

热反射玻璃的常用厚度为 6 mm，尺寸规格有 1 600 mm×2 100 mm，1 800 mm×2 000 mm，2 100 mm×3 600 mm 等。

热反射玻璃可用作建筑门窗玻璃、幕墙玻璃，还可用于制作高性能中空玻璃。热反射玻璃是一种较新的材料，具有良好的节能和装饰效果，现代的高档建筑都选用热反射玻璃作幕墙。但在使用时也应注意，如果热反射玻璃幕墙使用不恰当或使用面积过大也会造成光污染，影响环境的和谐。

三、中空玻璃

中空玻璃是由两片或多片玻璃以有效支撑均匀隔开并周边粘接密封，使玻璃层间形成有干燥气体空间的玻璃制品。中空玻璃四周边缘部分用胶结、焊接方法密封而成，其中以胶结方法应用最为常见。因其留有一定的空气腔，而具有良好的保温、隔热、隔音等性能。中空玻璃主要用于采暖空调、消声设施的外层玻璃装饰。中空玻璃按玻璃层数，有双层和多层之分，一般是双层结构。

制作中空玻璃的原片可以是普通玻璃、浮法玻璃、钢化玻璃、夹丝玻璃、着色玻璃和热反射玻璃、低辐射膜玻璃等，厚度通常是3，4，5，6 mm。高性能中空玻璃的外侧玻璃原片应为低辐射玻璃。中空玻璃的中间空气层厚度为6，9 ~10，12 ~20 mm 三种尺寸。颜色有无色、绿色、茶色、蓝色、灰色、金色、棕色等，如图7-22 所示。

图7-22　中空玻璃

（一）中空玻璃的性能特点

1. 光学性能

中空玻璃的光学性能取决于所用的玻璃原片，由于中空玻璃所选用的玻璃原片可具有不同的光学性能，因此制成的中空玻璃其可见光透过率、太阳能反射率、吸收率及色彩可在很大范围内变化，从而满足建筑设计和装饰工程的不同要求。

中空玻璃的可见光透视范围为 10% ~80% ，光反射率为 25% ~80% ，总透过率为 25% ~50% 。

2. 热工性能

由双层热反射玻璃或低辐射玻璃制成的高性能中空玻璃，隔热保温性能更好，尤其适用于寒冷地区和需要保温隔热、降低采暖能耗的建筑物。中空玻璃与其他材料传热系数比较见表7-6。

表7-6　中空玻璃与其他材料传热系数比较

材料名称	传热系数/（$W \cdot m^{-2} \cdot K^{-1}$）
3 mm 透明平板玻璃	6.45
5 mm 透明平板玻璃	6.34

续表

材料名称	传热系数/（$W\cdot m^{-2}\cdot K^{-1}$）
6 mm 透明平板玻璃	6.28
12 mm 双层透明中空玻璃（3+6+3）	3.59
18 mm 双层透明中空玻璃（3+12+3）	3.22
22 mm 双层透明中空玻璃（5+12+5）	3.17
21 mm 三层透明中空玻璃（3+6+3+6+3）	2.43
33 mm 三层透明中空玻璃（3+12+3+12+3）	2.10
100 m 厚混凝土墙	3.26
240 mm 厚一面抹灰砌墙	2.09
20 mm 厚木板	2.67

3. 防结露功能

在室内一定的相对湿度下，当玻璃表面达到某一温度时，出现结露，直至结霜（0 ℃以下）。这一结露的温度叫作露点。玻璃结露后将严重地影响透视和采光。中空玻璃的露点很低，在通常情况下在 −25 ~ −20 ℃时，玻璃表面不会产生凝结水。

4. 隔声性能

中空玻璃具有较好的隔声性能，一般可使噪声下降 30 ~40 dB，降低噪声 1/2，即能将街道汽车噪声降低到学校教室的安静程度。

5. 装饰性能

中空玻璃的装饰性主要取决于所采用的原片，不同的原片玻璃使制得的中空玻璃具有不同的装饰效果。

（二）中空玻璃的技术要求

中空玻璃的密封性、结露性、耐紫外线照射、耐气候循环和高温、湿循环等性能及尺寸允许偏差必须符合国家标准《中空玻璃》的规定。中空玻璃性能要求，见表 7-7。

表 7-7　中空玻璃的性能要求

项目	实验条件	指标
密封	在试验压力低于环境气压（10±0.5）kPa，厚度增长必须≥0.8 mm，在该气压下保持 2.5 h 后，厚度增长偏差 <15% 为小渗漏	全部试样不允许有渗漏现象
露点	将露点仪温度降到≤ −40 ℃，使露点仪与试样表面接触 3 min	全部试样内表面无结露或结霜
紫外线照射	照射 168 h	试样内表面上不得有结露或污染的痕迹
气候循环及高温、高湿	气候试验经 320 次循环，高温、高湿试验经 224 次循环，试验后进行露点测试	总计 12 块试样，至少 11 块无结露或结霜

（三）中空玻璃的使用

中空玻璃性能优异，价格也较高，在选用中空玻璃时注意场地使用要求、造价、露点和风荷载等。中空玻璃主要用于需要保温、空调、隔声的建筑物上，或者造价较高的建筑场所，如宾馆、住宅、医院、写字楼等，也可用于车船。

四、玻璃空心砖

玻璃空心砖（见图 7-23）是一种非承重装饰材料，由两块压铸成凹形的透明或颜色玻璃，经熔接或胶结而成的正方形或矩形玻璃砖块。玻璃空心砖不吸水，表面光滑，便于清洁，经济，美观，实用，体积小，重量轻，施工简洁方便。其品种主要有玻璃空心砖、玻璃实心砖。

不同的玻璃原片，中空玻璃的透光率也会不同。清玻璃的透光率为 75% ，彩色玻璃的透光率为 50% ，有效降低噪声达 45 dB 左右。

通常，玻璃砖并不作为饰面材料使用，而是作为结构材料，用于墙体、屏风、隔断等，但不可作为承重材料使用。常用规格有：90 mm × 190 mm × 80 mm，145 mm × 145 mm × 80 mm，190 mm × 190 mm × 95 mm，145 mm × 145 mm × 95 mm，240 mm × 240 mm × 80 mm，190 mm × 90 mm × 80 mm。玻璃空心砖不能切割。

图 7-23　玻璃空心砖

第八章　金属装饰材料

金属材料具有质地坚硬、强度高、韧性好、导热传电性强、防水、防腐等优良性能。通过机械加工方式和现代科技手段，可制造各种形式的构件和成品用材。在现代室内设计中，金属材料既可独立地使用，如门窗、楼梯栏杆、天花板、结构桁架、家具等，又可与其他材料结合表现，如钢木结构楼梯栏杆、轻质隔墙等。它所具有的独特性能和审美价值是其他材料不可替代的。用于建筑装饰的金属材料主要有金、银、铜、铝、铁及其合金。

第一节　金属材料的分类与基本性能

一、金属材料的分类

金属材料一般按外观颜色或矿物颜色进行分类，通常分为黑色金属和有色金属两大类。

1. 黑色金属材料

黑色金属材料是指铁及铁的合金，如生铁、铁合金、合金钢（不锈钢）、铸铁等，简称钢铁材料。钢铁型材种类较多，力学性能优良，在实际的应用中加工方便（切割、焊接、抛光或铆接），表现范围广泛。

2. 有色金属材料

有色金属材料是指包括除铁及铁的合金以外的金属及其合金，又称非铁金属。有色金属色彩丰富，质感独特。常用的有色金属材料有铝及铝合金、铜及铜合金等。另外，在工业上采用铬、锰、铜、钴、钨等金属作为附加物，以改善金属性能，如增加强度等。

有色金属材料又分为轻金属和重金属。密度低于4 500 kg/m³的金属为轻金属或轻金属合金，如铝及铝合金、镁及镁合金；密度高于4 500 kg/m³的金属为重金属或重金属合金，如铜及铜合金、锌及锌合金等。

二、金属材料的基本特性

金属材料的特性主要表现在以下几个方面：

1. 良好的光反射和光吸收能力

金属材料表面进行研磨、抛光或磨砂等加工后，可呈现出亮面或雾面状态，展现不同的装饰效果。

2. 良好的力学性能

金属材料具有良好的强度和承受塑性形变的能力。

3. 良好的加工性能

金属具有优良的延展性，可通过轧制、挤压、拉拔、钻孔、切割、折边、焊接、雕刻、研磨等机械加工手段和化学染色、镀层、蚀刻，使金属表面呈现各种形态或各种肌理、光泽和装饰花纹。

4. 良好的导电性和导热性

金属材料具有良好的导电性和导热性。

第二节　常用金属材料的种类及性能

一、黑色金属

（一）钢材

钢材属于黑色金属，钢中主要化学元素为铁（Fe），另外还有少量的碳（C）、硅（Si）、锰（Mn）、硫（S）、磷（P）、氧（O）、氮（N）等，含碳量小于2%。钢材具有材质均匀、性能可靠；强度高，塑性和韧性较好；优良的可加工性，可焊、可铆，可制成各种形状的型材和零件等诸多的优点。建筑装饰中钢材主要为结构承重和饰面材料，常见的有钢板、型钢、钢管、钢筋、钢丝等品种。建筑工程中常见钢材分类见表8-1。

表8-1 建筑工程常用钢材分类

<table>
<tr><th colspan="2">分类方式</th><th colspan="2">钢材名称</th></tr>
<tr><td rowspan="7">按冶炼方法分类</td><td rowspan="3">按炉种分类</td><td colspan="2">平炉钢</td></tr>
<tr><td colspan="2">转炉钢（氧气转炉钢、空气转炉钢）</td></tr>
<tr><td colspan="2">电炉钢</td></tr>
<tr><td rowspan="4">按脱氧程度分类</td><td colspan="2">镇静钢</td></tr>
<tr><td colspan="2">半镇静钢</td></tr>
<tr><td colspan="2">特别镇静钢</td></tr>
<tr><td colspan="2">沸腾钢</td></tr>
<tr><td colspan="2" rowspan="6">按化学成分分类</td><td rowspan="3">碳素钢</td><td>低碳钢（含碳量<0.25%）</td></tr>
<tr><td>中碳钢（含碳量0.25%～0.60%）</td></tr>
<tr><td>高碳钢（含碳量<0.60%）</td></tr>
<tr><td rowspan="3">合金钢</td><td>低合金钢（合金元素总含量<5%）</td></tr>
<tr><td>中合金钢（合金元素总含量5%～10%）</td></tr>
<tr><td>高合金钢（合金元素总含量>10%）</td></tr>
<tr><td colspan="2" rowspan="3">按钢材品质分类</td><td colspan="2">普通钢按国际规定：P≤0.045%，S≤0.055%</td></tr>
<tr><td colspan="2">优质钢按国际规定：P≤0.035%，S≤0.04%</td></tr>
<tr><td colspan="2">高级优质钢按国际规定：P≤0.035%，S≤0.03%</td></tr>
<tr><td rowspan="10">按用途分类</td><td rowspan="6">结构钢</td><td rowspan="2">工程结构用钢</td><td>建筑用钢</td></tr>
<tr><td>专门用途钢（船舶、桥梁、锅炉用钢）</td></tr>
<tr><td rowspan="4">机械零件用钢</td><td>渗碳钢</td></tr>
<tr><td>调质钢</td></tr>
<tr><td>弹簧钢</td></tr>
<tr><td>轴承钢</td></tr>
<tr><td rowspan="3">工具钢</td><td colspan="2">量具钢</td></tr>
<tr><td colspan="2">刃具钢</td></tr>
<tr><td colspan="2">模具钢</td></tr>
<tr><td colspan="3">特殊性能钢——不锈钢、耐热钢、耐磨钢、电工用钢等</td></tr>
<tr><td rowspan="3">按供应条件分类（普通碳素钢）</td><td colspan="3">甲类钢（A）保证力学性能</td></tr>
<tr><td colspan="3">乙类钢（B）保证化学成分</td></tr>
<tr><td colspan="3">特类钢（C）保证力学性能和化学成分</td></tr>
</table>

室内设计中，常用的钢材有普通碳素结构钢、优质碳素结构钢、合金结构钢和不

锈钢。

1. 普通碳素结构钢

普通碳素结构钢包括热轧钢板、钢带、各种型钢、棒钢等，属于中碳钢，碳含量在0.45% 以下，韧性强，硬度大，耐磨，耐高温，耐腐蚀，性能较好，价格低廉，易于加工。用于楼梯栏杆、装饰铁花、钢筋混凝土结构配筋、预埋件和承重结构架。

2. 优质碳素结构钢

优质碳素结构钢杂质少，均匀，表面质量高，碳含量在0.05% ~0.9% 范围内，具有较好的韧性和塑性，用于高强度的受力结构架和其他构件。

3. 合金结构钢

合金结构钢是在碳素结构钢的基础上加入一种或多种元素，从而使钢的力学性能得到提高。用于跨度较大的顶棚桁架结构和钢筋混凝土配筋。

4. 不锈钢

不锈钢是在钢材中加入了铬、镍、锰、钛、硅等元素，其中铬含量在12% 以上。铬含量越高，钢的耐腐蚀性越好。不锈钢属于特殊性能钢，其强度大、弹性好、抗腐蚀能力强、表面光洁度高。

不锈钢材料是现代室内设计应用非常广泛的金属材料，如墙地面、柱面、楼梯栏杆、门窗、家具、五金配件，以及各种装饰压条与收口线。不锈钢有坚硬的冷漠感，尤其是镜面不锈钢反射光强烈，不能大面积或过多地方使用，影响室内环境。不锈钢常与其他材料如木材或软材料结合表现。

常用的不锈钢材料有：

（1）不锈钢薄板（见图8-1）

装饰用不锈钢制品主要是厚度在2 mm以下的薄钢板。

图8-1　不锈钢薄板

根据其表面加工处理方式不同可分为：光面不锈钢板（或称不锈钢镜）、雾面板、丝面板、腐蚀雕刻板、凹凸板、半珠形板或弧形板。

根据其表面的反光率不同，常分为镜面板、亚光板和浮雕板 3 种类型。

另外，可在普通不锈钢的基础上进行技术性和艺术性的加工，使其成为彩色不锈钢板。

(2) 镜面不锈钢板（见图 8-2）

镜面不锈钢（简称镜钢）具有光洁闪亮、坚固耐用、永不生锈、容易清洗等优点，在室内运用镜面不锈钢板可以增加室内的影像内容，并增加室内空间的开阔感。

(3) 钛金镜面板（见图 8-3）

钛金，化学名氮化钛，色泽为金黄色，具有耐磨及高硬的特点。它用于不锈钢板的装饰，可在表面形成一种高硬、耐磨、自润滑性好的优质膜层。膜层上可镀黑色、亮灰色、七彩色、金黄色等。钛金镜面板具有不易氧化的优点，色泽持久，既能起到画龙点睛作用，又能显示雍容华贵、金碧辉煌的效果。

图 8-2 镜面不锈钢板

图 8-3 钛金镜面板

(4) 不锈钢管材（见图 8-4）

不锈钢管材有圆管、方管、矩形管之分，主要用于栏杆、拉手、五金配件、扶手等部件。圆管也可用作水管。

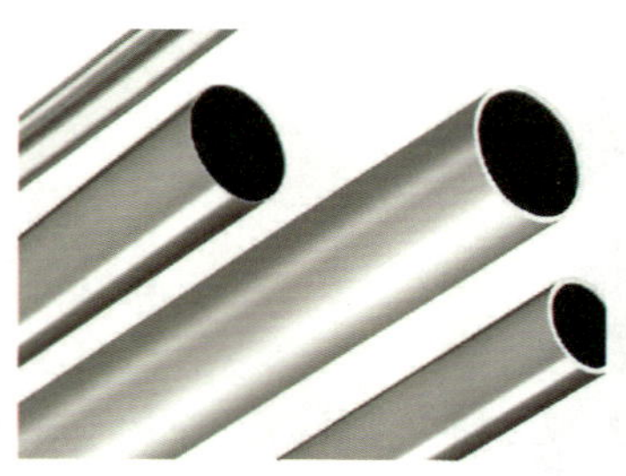

图 8-4 不锈钢管材

图 8-5 彩色涂层钢板

5. 彩色涂层钢板（见图 8-5）

在钢板表面涂饰一层保护性的装饰彩膜，可提高普通钢板的防腐性能和增加装饰效果，称为彩色钢板。彩色涂层钢板具有超高的耐污染性能、耐热性能、耐低温性能、耐沸水性能。

常见的材料有彩色压型钢板、扣板、平板及特殊加工的板材。具体尺寸及色彩图案可根据设计生产。彩色涂层钢板可用做建筑外墙板、屋面板、护壁板等。

6. 其他型钢（见图 8-6）

钢材还可加工成各种型钢，如槽钢、工字钢、角钢等。

图 8-6　其他型钢

（二）铸铁

铸铁（见图8-7）是一种使用历史悠久的金属材料，其含碳量为 1.7% 以上，具有较强的耐磨性、抗压强度，以及良好的铸造性能。但塑性和韧性较差，遇到潮湿空气易氧化生锈。

图 8-7　铸铁

铸铁材料有铸铁管、铸铁板，其表面通过镀塑、镀锌、喷涂等处理后，其防锈能力和外观质量可得到提高，用于楼梯栏板花板、护窗、护栏、家具脚架、地面耐磨滴水盖板及各种工艺铁花。

（三）轻钢龙骨

轻钢龙骨（见图 8-8）是以镀锌钢带或薄钢板由特制轧机以多道工艺轧制而成，具有强度大、通用性强、防火、易安装等优点。轻钢龙骨配以不同材质、不同花色的罩面板，如石膏板、钙塑料板、吸声板、矿棉板等，既可以改善室内的使用条件，又能造就不同的装饰工艺和风格。

图 8-8　轻钢龙骨

龙骨按截面形状分 U 形、C 形和扣盒子龙骨；按使用体系分为吊顶龙骨和隔墙龙骨。

1．吊顶龙骨

吊顶龙骨的类型和截面尺寸见表 8-2。

表 8-2　吊顶龙骨的类型和截面尺寸

类别	名称	截面简图	截面尺寸/mm	质量/kg	说明
上人吊顶龙骨	主龙骨		960×27×1.5	1.366	除承载吊顶本身质量外，还可承受 80 ~ 100 kg集中激活负载。常与不上人吊顶龙骨配合使用
	次龙骨		60×27×1.5	1.270	
不上人吊顶龙骨	主龙骨		25×20×0.5	0.370	专作复合龙骨使用
			50×20×0.5	0.488	
			60×27×0.63	0.610	作承载龙骨与覆面龙骨使用
	次龙骨		50×15×1.5	0.870	

2．吊顶龙骨配件

吊顶龙骨配件如图 8-9 所示，其类型和截面尺寸见表 8-3。

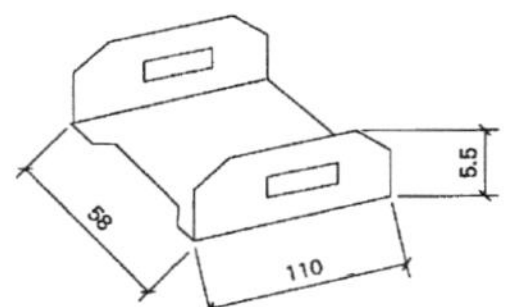

用于普通吊顶龙骨接长

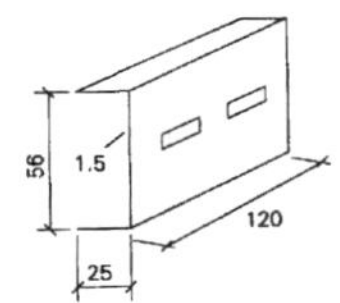

用于上人吊顶主龙骨接长

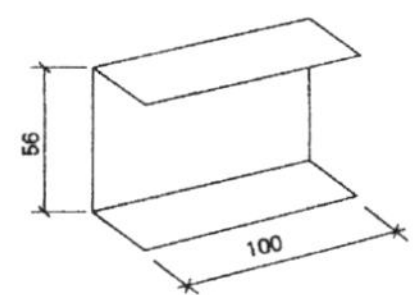

用于中龙骨接长

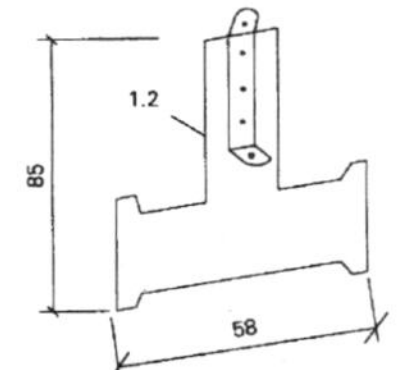

用于普通吊顶主龙骨吊挂

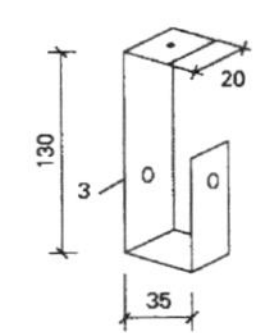

用于上人吊顶主龙骨吊挂

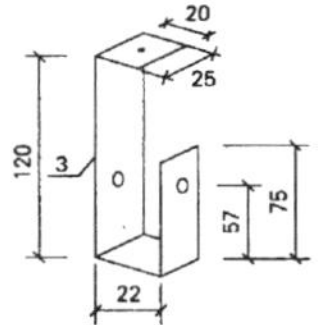

用于中龙骨吊件

(a) 接 长 件

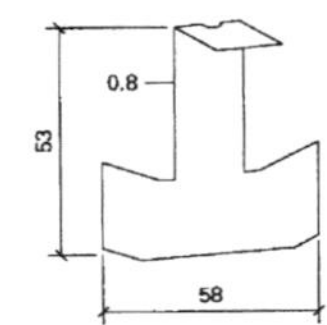

用于普通吊顶主次龙骨连接

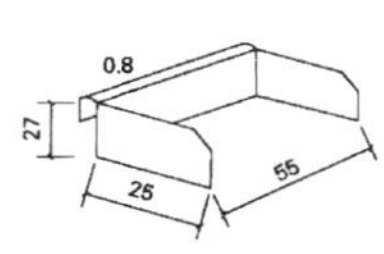

用于主次龙骨同一标高时连接

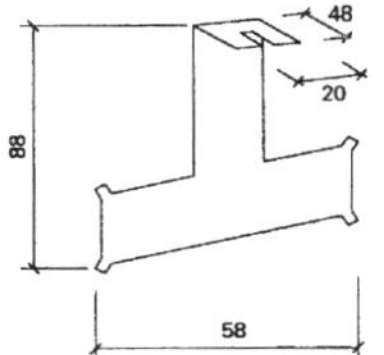

用于上人吊顶主次龙骨连接

(b) 连接件

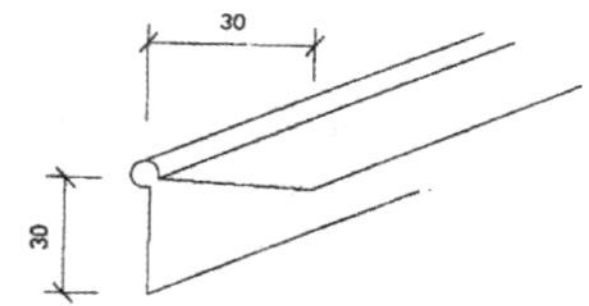

用于保护墙、柱边角

(c) 金属护角

用于滑动连接节点或两层以上石膏板墙边缘

(d) 金属包边

图 8-9　吊顶龙骨配件

表 8-3　吊顶龙骨的类型和截面尺寸

名称	代号	截面简图	截面尺寸/mm	质量/kg	说明
竖龙骨	U50		50×40×0.63	0.82	用于隔墙的沿地沿吊顶龙骨，与 C 形龙骨配合使用
	U75		75×40×0.63	0.96	
	U100		100×40×0.63	1.12	
	U150		150×40×0.63	1.43	
横龙骨	C50		50×50×0.63	1.03	与 U 形龙骨配合使用
	C75		75×50×0.63	1.18	
	C100		100×50×0.63	1.34	
	C150		150×50×0.63	1.66	

续表

名称	代号	截面简图	截面尺寸/mm	质量/kg	说明
扣盒子龙骨	C47.8		47.8×35×0.63	0.79	可单独作竖龙骨，也可两件相扣组合使用，如门框
	C62		62×35×0.63	0.88	
	C72.8		72.8×35×0.63	0.95	
	C97.8		97.8×35×0.63	1.11	
空气龙骨				0.57	直接安装在墙体上

二、有色金属

（一）铝及铝合金

铝属于有色金属中的轻金属，银白色，纯铝密度小，约为 2 700 kg/m^3，相当于钢的1/3，熔点 660 ℃。铝的导电、导热性能优良，仅次于铜；耐腐蚀、耐酸、耐碱强；纯铝强度低，具有很高的塑性，易于加工和焊接等。铝在大气中氧化后形成一层致密的氧化膜，隔绝空气，防止进一步氧化，因此具有良好的抗氧化性。纯铝不能和盐酸、浓硫酸、氯、溴、碘及强碱接触，否则将受腐蚀。铝具有良好的延展性、塑性，易加工成板、管、线及铝箔等。铝的强度和硬度较低，不适合作结构材料使用。

在铝中加入镁、铜、锰、锌、硅等合金元素后组成的铝合金，其化学性质得以改变，机械性能明显提高，具有质轻、强度高、耐蚀、耐磨、韧度强等优点。

常用铝及铝合金材料有以下几种：

1. 铝箔

铝箔是用纯铝或铝合金加工成薄片制品，除具有铝合金的一般性能外，还具有优良的防潮性能。它是一种绝热材料，其绝热性能表现在表面的热辐射性能上，它对太阳光的反射能力很强，对辐射的吸收和发射率极小，而且数值几乎相等。图 8-10 为铝箔布。

图 8-10 铝箔布

建筑上常用的铝箔主要有铝箔牛皮纸（在空气层中作绝热材料）、铝箔布（活动隔热层）、铝箔泡沫塑料板（室内装饰作用）、铝箔波形板（室内装饰作用）、铝箔石棉纸夹心板等。

2. 铝粉

铝粉（银粉）质轻、漂浮力强、遮盖力强，对光和热的反射性能均很高。常用于制造油漆、油墨等方面，也用于制作各种装饰涂料和金属防锈涂料，以及土方工程中的发热剂和加气混凝土的发气剂。

3. 铝合金装饰板

（1）铝合金花纹板

铝合金花纹板（见图8-11）是采用防锈铝合金坯料，用具有一定花纹的轧辊轧制而成。其花纹美观大方，高度适中，不易磨损，防滑性能好，防腐蚀性强，也便于冲洗，通过表面处理，可以获得各种美丽的颜色。同时花纹板材平整，裁剪尺寸精确，便于安装，广泛应用于建筑物的墙面装饰及楼梯踏板的防滑处理。

图8-11　铝合金花纹板

（2）铝合金波纹板

铝合金波纹板（见图8-12）一般采用强度高、耐腐性能好的防锈铝（LF21）制成，用作墙板时也可用纯铝制作。铝合金波纹板的颜色有银白色等多种，除具有装饰效果外，也有很强的反射能力，且经久耐用，拆卸方便，主要用于墙面和屋面。

图 8-12　铝合金波纹板

(3) 铝合金微孔吸音板

铝合金微孔吸音板（见图 8-13）的表面由微孔排列组合成各种各样的图案，色彩种类多，美观且淡雅。板的反面还设置薄型吸音棉，更好地发挥吸音与防尘作用，多用于商场、办公区、银行及家居厨房、卫生间等天花吊顶，以及有特殊吸音要求的室内顶面和墙面。规格主要包括方形板：300×300 mm，600 mm×600 mm，300 mm×600 mm，厚0.6～1.2 mm；条形板：宽100 mm,150 mm，200 m，长3.3 m，6 m，厚0.6～1.5 mm。

图 8-13　铝合金微孔吸音板

(4) 铝合金花格板

铝合金花格板分普通拉网花格板和高强度铝合金花格板。

普通拉网花格板是经挤压、辗轧、展延、阳极着色等工序加工而成，防腐蚀、防潮、防锈、透光性和通风性良好，安全性较高，有多种网格造型，良好的视觉美化效果。用于防盗门窗、装饰隔断、防护栏、立面透气面盖及天花吊顶（歌舞厅、娱乐休闲场所、酒吧及办公区等）。其规格有：宽 700～3 000 mm，长 4 000～6 000 mm，网厚 7～10 mm。

高强度铝合金花格板是经挤压一体成型，无需任何焊接。网厚为 30 mm，结构坚固，抗冲击力强，具有很好的防爆功能。表面为阳极酸化处理而防锈、耐酸碱及化学药品浸蚀。超厚的断面，能阻隔雨水直接流入室内，规律细密的网目，具有将噪音折射的功能，而且网格造型丰富多样，美观大方。用于防盗防爆门、窗、花台、栏杆、隔屏、围篱、安全护栏、楼梯踏板、地面透气盖板、中空通风楼板、工作平台等。图 8-14 为铝合金花格板。

图 8-14　铝合金花格板

4. 铝合金管材

铝合金管材（见图 8-15）用于护窗、护栏（不宜用于受力结构大的栏杆）、门窗框架、玻璃间墙结构架、顶棚照明器框架等。铝合金管材连接时多采用强度和硬度较好的角铝作内接角，内接角的长短应与管材内截面的大小相符合。而较小规格的管材连接时则采用硬质塑料内接角。

图 8-15　铝合金管材

5. 铝合金型材

（1）铝合金门窗系列型材

铝合金门窗型材的表面处理有阳极氧化膜处理（银白色或古铜色）或静电粉末（环

氧树脂和氟碳粉末）喷涂处理。铝合金门窗采用了高级密封材料，因而具有良好的气密性、水密性和隔声性能，保温、隔热、隔音效果好；铝合金门窗质量轻，表面光洁，颜色多，装饰性好；铝合金门窗不锈蚀、不褪色，使用寿命长。图 8-16 为铝合金窗系列型材。

图 8-16　铝合金窗系列型材

铝合金门窗按结构与开闭方式可分为推拉门（窗）、平开门（窗）、固定门（窗）、悬挂窗、回转窗、百叶窗。铝合金门还可以分为地弹簧门、自动门、旋转门、卷闸门等。

（2）铝合金幕墙型材

铝合金幕墙型材（见图 8-17）是经特殊工艺挤压成型，表面为阳极氧化膜，其截面有空腹和实腹两种。铝合金框架型材为主要受力构件时，其截面宽度为 40 ~70 mm，截面高度为 100 ~210 mm，壁厚为 3 ~5 mm。架型材为次要受力构件时，其截面宽度为 40 ~60 mm，截面高度为 40 ~150 mm，壁厚为 1 ~3 mm。

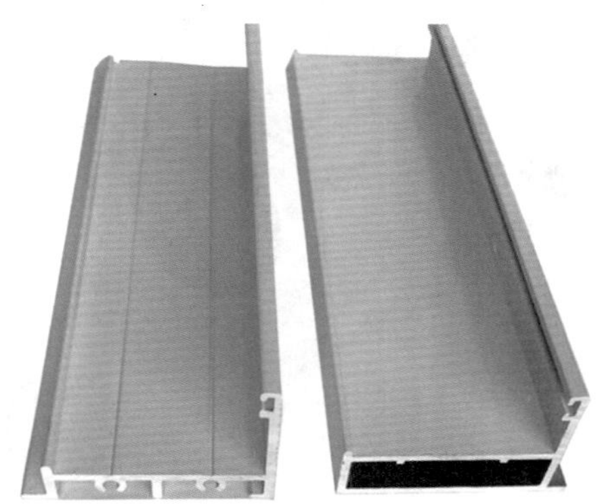

图 8-17　铝合金幕墙型材

（3）铝合金线材

铝合金线材的品种较多，按用途可分为压边收口线、吊顶收边角线、货柜框架、T 形龙骨、装饰压条、镶嵌条等。图 8-18 为铝合金收边条。

图 8-18　铝合金收边条

（二）铜与铜合金

铜与铜合金是历史上应用最早的有色金属。铜材导电、传热性能佳；表面光滑，光泽好，经抛光处理后成为镜面铜材，表面亮度很高；经磨砂工艺处理后成为雾面铜材，表面呈亚光。常应用于楼梯扶手栏杆、踏步防滑嵌条、铜装饰品、铜浮雕壁画及五金配件。铜材形状可分为板材、圆材和方材。铜材按其外观色彩和主要的构成元素可分为纯铜、黄铜、青铜。

1. 纯铜

纯铜（见图 8-19）呈玫瑰色，表面氧化后呈紫色，故又称紫铜。纯铜的密度为 8 900 kg/m³，熔点为 1 083 ℃，具有极好的导电性、导热性、耐腐蚀性、抗碰性及良好的延展性，易于加工和焊接，但强度低，不宜直接用作结构材料。

图 8-19　纯铜

2. 铜合金

与空气接触时，铜会氧化，并生成一种“铜绿”，从而进一步地阻止锈蚀，在铜中掺加了锌、锡等元素可制成铜合金。铜合金主要有黄铜、白铜、青铜，其强度、硬度等机械性能比纯铜有很大提高，且价格比纯铜低。

（1）黄铜

黄铜（见图8-20）是以锌为主要合金元素的铜合金，工业黄铜含锌量为50%。黄铜加入合金元素能相应提高强度，加入锡、锰、铝、硅后可改善耐蚀性，加入硅能改善铸造性能，加入铝改善切削性能。黄铜常用于五金配件及楼梯扶手、踏步防滑嵌条及其他装饰条。

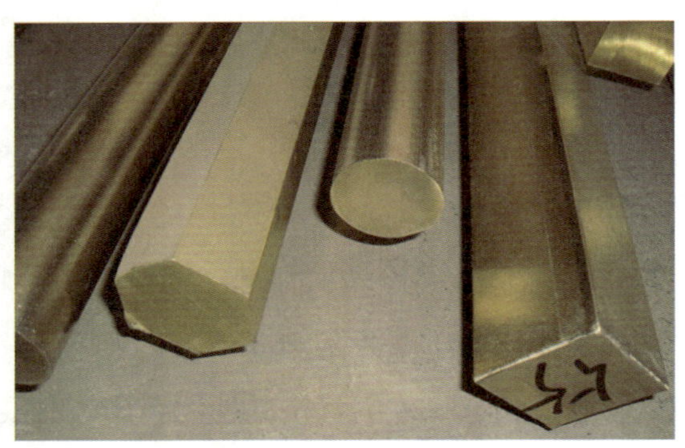

图8-20　黄铜

黄铜有普通黄铜和特殊黄铜之分。

普通黄铜就是铜和锌的合金，颜色呈金黄色或黄色，色泽随含锌量的增加而逐渐变淡。黄铜的代号以汉语拼音字母“H”和数字表示，数字表示黄铜中铜的含量多少。黄铜不易生锈腐蚀，易于加工成各种五金配件、装饰件、水暖器材等。

特殊黄铜是指在铜、锌之外，再掺入某些其他元素，便制成特殊黄铜，如锡黄铜、铅黄铜、锰黄铜、镍黄铜等。装潢材料中主要使用镍黄铜，呈银白色，故称为白铜，它的力学性质、耐热性和耐腐蚀性都特别好。如果进行冷加工，则可增大其屈服点，疲劳强度也会更高。多用于制作高级弹簧、首饰、装饰件等制品。

另外，黄铜还可以制成黄铜粉，俗称金粉，主要用于调制装饰涂料，用在高级的建筑装饰场所。

（2）青铜

青铜是以铜和锡作为主要成分的合金，它有锡青铜、铝青铜等种类，是运用最早的铜合金。近代又把含铝、硅、锰、铅的铜合金，都称为青铜。青铜的强度、塑性、耐磨性、抗腐蚀性、电导性、热导性取决于对锡的含量多少，以及其他合金元素含量的多少。

锡青铜含锡量约30% 以下，当含锡量在15% ~20% 之间时，它的抗拉强度最大；当含锡量在10% 以内时，其延伸率最大。锡青铜主要用于铸造。

铝青铜是指含铝在15% 以下的铜铝合金。工业用的铜铝合金含铝量一般在12% 以下，同时还添加了少量的锰、铁，以改善力学性能。铝青铜具有较强的机械性、耐磨性和耐蚀性，常用于五金配件（如防锈要求较高的洁具配件）、防滑嵌条等。

第九章　无机凝胶材料

建筑材料中，凡是自身经过一系列物理、化学作用，或与其他物质（如水等）混合后经过一系列物理、化学作用，能由浆体变成坚硬的固体，并能将散粒材料（如砂、石等）或块、片状材料（如砖、石块等）胶结成整体的物质，称为胶凝材料。

胶凝材料按其化学组成可分为有机胶凝材料（如沥青、树脂等）与无机胶凝材料（如水泥、石灰等）。无机胶凝材料又称为矿物胶凝材料，它根据硬化条件又可分为水硬性胶凝材料与气硬性胶凝材料。

第一节　水硬性凝胶材料

一、水泥

水泥（见图9-1）的发明为建筑工程的发展提供了物质基础，水泥既可以在水中凝结也可以在空气中硬化，并能长期保持并发展强度。水泥使其由陆地工程发展到水中、地下工程，是用途最广、用量最多的一种胶凝材料。

水泥具有较高的强度，其抗压强度一般大于1 960 N/cm^2，最高可达7 840 N/cm^2。混凝土中加入钢筋后，可克服抗菌素拉强度低的特点，用来浇筑大跨度负荷重的建筑构件。水泥可塑性强，可以根据设计需要模制各种形状的水泥制品。

图 9-1　水泥

（一）普通水泥

1. 水泥的分类

普通水泥按照水泥的主要水硬性物质不同可分为硅酸盐类水泥（主要水硬性物质是硅酸钙）、铝酸盐类水泥（主要水硬性物质是铝酸钙）、硫铝酸盐水泥（主要水硬性物质是硫铝酸钙）等。因为它们的水硬性物质不同，其性能也各异，如铝酸盐类水泥凝结速度快，早期强度高，耐热性能好而且耐硫酸盐腐蚀；硫铝酸盐水泥硬化后体积会膨胀等。

在诸多的水泥品种中，硅酸盐类水泥是最基本且用量最多的一类水泥。

2. 水泥的存储

入库的水泥应按品种、标号、出厂日期分别堆放并竖立标志，做到先到先用，防止掺混。为了防止水泥受潮，现场仓库应尽量密闭存放。袋装水泥堆放应离地 300 mm 以上，离墙应 300 mm 以上。堆放高度不超过 10 袋。露天临时存放，应用防雨篷布盖严，底板要垫防潮垫。

散装水泥罐必须封闭严密、内表光滑，罐底用钢板做成 50°锥形，便于出料；罐壁要用吹气法定期清除积灰。罐装水泥可根据密封的程度确定贮存期，一般半年以上不变质。

袋装水泥的贮存期不宜过长，以免硬结，降低强度。一般常用水泥存期 3 个月，强度降低 10% ~20% ，存期 6 个月强度降低 15% ~30% 。为此，水泥存放时间按出厂日期算起，超过 3 个月就是过期水泥，使用时必须重新试验确定其标号。

3. 水泥的标号

国家于2001年4月对水泥的标号制定新的标准。通用水泥新标准是：GB 175—1999《硅酸盐水泥、普通硅酸盐水泥》、GB 1344—1999《矿渣硅酸盐水泥、火山灰硅酸盐水泥及粉煤灰硅酸盐水泥》、GB 12958—1999《复合硅酸盐水泥》。六大水泥标准实行以MPa表示的强度等级，如32.5，32.5R，42.5，42.5R等，使强度等级的数值与水泥28天抗压强度指标的最低值相同。硅酸盐水泥分3个强度等级6个类型，即42.5，42.5R，52.5，52.5R，62.5，62.5R。其他五大水泥也分3个等级6个类型，即32.5，32.5R，42.5，42.5R，52.5，52.5R。

（二）特种水泥

1. 白水泥

白水泥（见图9-2）是白色硅酸盐水泥的简称，是在硅酸盐水泥熟料中加入适量的优质石膏磨细而成的。整个生产工艺中要严格控制铁质的混入，白水泥的含铁量仅为普通水泥的1/10左右，铁质的混入会影响白水泥的白度。在建筑装饰工程中，常常会用到白水泥配制成水泥色浆和砂浆，也会用白水泥生产人造大理石、抹灰水刷石、水磨石。白水泥有325，425，525，625四个标号。

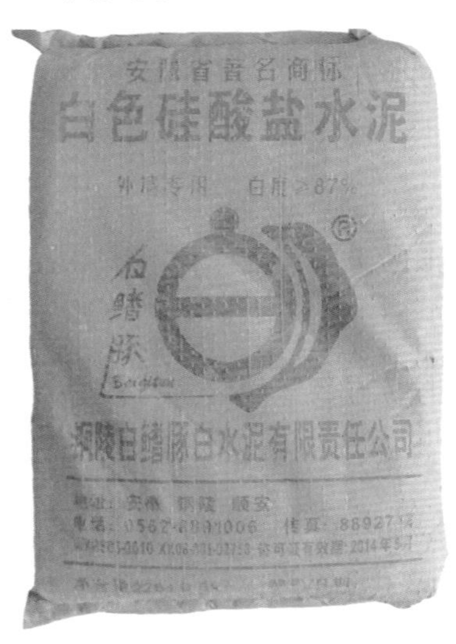

图9-2 白水泥

2. 彩色水泥

彩色水泥（见图9-3）是彩色硅酸盐水泥的简称。彩色水泥从着色方式上可分为染色法、直接烧成法。

图 9-3 彩色水泥

染色法是将白色硅酸盐水泥熟料、优质白色石膏及矿物颜料一起粉磨而成的水硬性胶凝材料。直接烧成法是在白水泥生料中加入着色离子（通常为金属氧化物和氢氧化物，如氧化铬、氢氧化铬等）直接煅烧，再经粉磨成为水硬性胶凝材料。目前，彩色水泥只设有 325 这一个标号。

3. 高铝水泥

高铝水泥是指凡是以铝酸钙为主，氧化铝含量约为 50% 的熟料，磨制的水硬性胶凝材料。高铝水泥分为 425、525、625 和 725 四个标号。主要用途为：

① 用于配制不定形耐火材料。

② 配制石膏矾土膨胀水泥、自应力水泥等特殊用途的水泥。

③ 抢建、抢修、抗硫酸盐侵蚀和冬季施工等特殊需要的工程。

4. 自流平水泥

自流平水泥是一种高科技绿色产品，由多种活性成分组成的干混型粉状材料，广泛适用于工业、民用、商用室内地面的找平（地面基层的抗压强度应大于 20 MPa）。

施工简单、方便快捷，现场拌水即可使用；耐磨、耐用、经济、环保（无毒无味无污染）、低碱、防碱性腐蚀层；优良的流动性，自动精确找平地面，稍经刮刀展开，即可获得高平整基面；其硬化速度快，4 ~6 h 即可在上行走，24 h 后可进行后续工程。良好的黏结性、平整、不空鼓；不增加标高，地面层薄 3 ~10 mm，节省材料，降低成本。

二、填缝剂

填缝剂（见图 9-4）是一种单组分水泥基聚合物改性干混合砂浆，呈粉状。填缝剂粘合性强、收缩小、颜色固着力强，具有防裂纹的柔性，装饰质感好，抗压力、耐磨损、抗霉菌的特点，能完美地修补地板表面的开裂或破损。它表面还可以上油漆，具有良好的防水性。填缝剂色彩丰富，亦可自行配制颜色，可达到良好的效果。

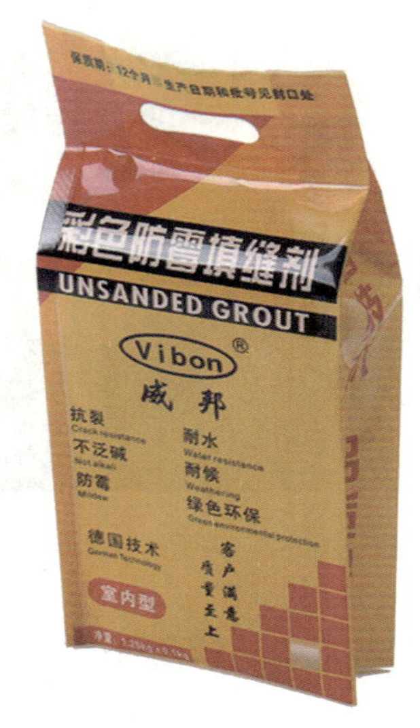

图 9-4　填缝剂

三、建筑砂浆

（一）抹面砂浆

抹面砂浆（见图 9-5）是指涂抹在基底材料的表面，兼有保护基层和增加美观作用的砂浆。根据其功能不同，抹面砂浆一般可分为普通抹面砂浆和特殊用途砂浆（具有防水、耐酸、绝热、吸声及装饰等用途的砂浆）。

图 9-5　抹面砂浆

常用的普通抹面砂浆有水泥砂浆、石灰砂浆、水泥石灰混合砂浆、麻刀石灰砂浆（简称麻刀灰）、纸筋石灰砂浆（纸筋灰）等。

各种不同的抹面砂浆因为其原材料、使用部位及工程要求的不同，应注意选择不同的砂浆种类。水泥砂浆宜用于潮湿或强度要求较高的部位；混合砂浆多用于室内底层、中层或面层抹灰；石灰砂浆、麻刀灰、纸筋灰多用于室内中层或面层抹灰；对混凝土基面多用水泥石灰混合砂浆；对于木板条基底及面层，多用纤维材料增加其抗拉强度，以防止开裂。

（二）砌筑砂浆

砌筑砂浆是指用于砌筑砖、石等各种砌块的砂浆。砌筑干粉采用优质水泥、精细骨料和多种高性能外加剂配制而成。砌筑砂浆适用于加气混凝土砌块、粉煤灰砌块、陶粒砖等轻质墙体和高吸水率材料的砌筑。

（三）装饰砂浆

装饰砂浆（见图9-6）是指用作建筑物饰面的砂浆，可以通过各种加工处理而获得特殊的饰面形式，以满足审美需要的一种表面装饰。装饰砂浆饰面从砂浆的组成及沙粒是否外露可分为灰浆类饰面和石碴类饰面。

图9-6　装饰砂浆

灰浆类饰面是通过水泥砂浆的着色或水泥砂浆表面形态的艺术加工，获得一定色彩、线条、纹理质感的表面装饰。主要方法有拉毛灰、甩毛灰、扫毛灰、拉条、假面砖、弹涂等。

石碴类饰面是在水泥砂浆中掺入各种彩色石碴作骨料，配制成水泥石碴浆抹于墙体基层表面，然后用水洗、斧剁水磨等手段除去表面水泥浆皮，呈现出石碴颜色及其质感的饰面，如水磨石、斩假石等。

四、混凝土

混凝土是当代最主要的土木工程材料之一。“砼”是“混凝土”的同义词。“砼”字是著名结构学家蔡方荫教授于1953年创立的。

（一）普通混凝土

混凝土是由胶结材料（水泥）、骨料和水按一定比例配制，经搅拌振捣成型，在一定条件下养护而成的一种最常用的土木工程材料。混凝土原料丰富，价格低廉，生产工艺简单，抗压强度高，耐久性好，强度等级范围宽，不仅在各种土木工程中使用，而且在造船业、机械工业、海洋的开发、地热工程等方面，混凝土也是重要的材料。

（二）清水混凝土

清水混凝土（见图9-7）也称为装饰混凝土，属于一次浇注成型的产物，是在预制或浇混凝土的同时，完成自身饰面的处理，不再需要做任何外装饰。其表面平整光滑、色泽均匀、棱角分明、无碰损和污染，只是在表面涂一层或两层透明的保护剂，显得十分天然庄重。

图9-7　清水混凝土

清水混凝土是混凝土材料中一种特殊的表现方式，它作为建筑的表皮，同时也是建筑结构的一部分，体现了建筑本身最朴实的美感，其朴实无华、自然天成的韵味是其他任何材料所无法比拟的。

清水混凝土是名副其实的绿色混凝土，其结构不需要装饰，舍去了涂料、饰面等化工产品，有利于环保。清水混凝土结构一次成型，不剔凿修补、不抹灰，减少了大量建筑垃圾，有利于保护环境。

（三）透明混凝土

Litracon光传输混凝土俗称为透明混凝土，是一种在混凝土中植入了大量玻璃纤维，具有创新与特色半透明光学玻璃纤维的混合体（见图9-8）。采用这种透明材料就可让室内装饰变得轻盈、明快而通透，给人一种厚重的墙体仿佛并不存在的幻觉。因此Litracon光传输混凝土可用于建筑多方面，可以像普通混凝土那样预制成块状或板状。图9-9为采用透明混凝土建造的上海世博会意大利馆。

图 9-8　透明混凝土

图 9-9　上海世博会意大利馆

第二节　气硬性凝胶材料

一、石膏

石膏是一种气硬性胶凝材料，只能在空气中凝结硬化，并在空气中保持和发展其强度，而不能在水中凝结硬化。石膏及其制品具有造型美观、表面光滑、细腻，且又有轻质、吸声、保温、防火等特点。建筑装饰工程用石膏主要有建筑石膏、模型石膏、高强石膏、粉刷石膏等。

（一）建筑石膏

生产石膏的原料主要为含硫酸钙的天然石膏（又称生石膏）或含硫酸钙的化工副产

品和废渣，化学式为 $CaSO_4 \cdot 2H_2O$，也称二水石膏。常用天然二水石膏制备建筑石膏。将天然二水石膏在干燥条件下加热至107 ~170 ℃，脱去部分水分即得熟石膏（也称半水石膏），建筑石膏是将熟石膏磨细而成的白色粉末，密度为 2.60 ~2.70 g/cm^3，堆积密度为 800 ~1 000 kg/cm^3（见图 9-10）。

图 9-10　建筑石膏

建筑石膏凝结硬化快、强度较低，在硬化过程中不会产生裂缝，造型饱满，棱角清晰，表面光滑，装饰效果好。建筑石膏硬化后体积内孔隙率大，因此石膏制品导热系数小，保温性能较好，吸声性强；建筑石膏硬化后呈多孔状态，且二水石膏微溶于水，具有很强的吸湿性和吸水性，所以，石膏制品耐水性和抗冻性较差；建筑石膏具有热容量较大，吸湿性较好的特点，故能调节室内温度和湿度，保持室内小气候的均衡状态；具有良好的防火性，硬化后的石膏制品中含有占其质量 20.93% 的结晶水，可有效地阻止火势蔓延。

建筑石膏主要用于室内装饰（石膏硬化后体积具有膨胀性和吸湿性），主要用作做绝热、保温、吸声和防火材料；石膏抹面灰浆、装饰制品、石膏板、装饰花、装饰配件、石膏线角等。

建筑石膏在运输及贮存时应防止受潮，一般贮存 3 个月后，强度下降 30% 左右。

（二）模型石膏

模型石膏也称 β 型半水石膏，其杂质少、色白，主要用于陶瓷的制坯工艺，少量用于装饰浮雕。

（三）高强石膏

将二水石膏放在压蒸锅内，在 1.3 大气压（124 ℃）下蒸炼，则由 β 型生成 α 型的半水石膏，将此石膏磨细得到的白色粉末称为高强石膏。高强石膏主要用于室内高级抹灰、各种石膏板、嵌条、大型石膏浮雕圆等。

（四）石膏装饰制品

石膏装饰制品主要有装饰板、装饰吸声板、装饰线角、花饰、装饰浮雕壁画、画框、挂饰及建筑艺术造型等。

1．装饰石膏板

装饰石膏板（见图9-11）是以建筑石膏为主要原料，掺入适量纤维增强材料和外加剂，与水一起搅拌成均匀的料浆，经浇注成型，干燥而成的不带护面纸的板材。装饰石膏板是一种具有良好防火性能和隔声性能的吊顶板材。这种板材密度适中，强度较高，施工简便、快捷。板面可制成平面型的，也可制成有浮雕图案的及带有小孔洞的装饰石膏板。

图9-11　装饰石膏板

（1）分类与规格

装饰石膏板按其正面形状和防潮性能的不同分类见表9-1。

表9-1　装饰石膏板的分类

分类	普通板			防潮板		
	平板	孔板	浮雕版	平板	孔板	浮雕板
代号	P	K	D	FP	FK	FD

装饰石膏板为正方形，其棱角断面形式有直角型和倒角型两种。板材的规格为500 mm×500 mm×9 mm，600 mm×600 mm×11 mm。

（2）产品标记

装饰石膏板标记顺序为：产品名称、板材分类代号、板的边长及国家标准号。如板材尺小为500 mm×500 mm×9 mm的防潮孔板，其产品标记号为装饰石膏板FK500

GB 9777—88。

(3) 性质与应用

装饰石膏板表面洁白，花纹图案丰富，孔板和浮雕还具有较强的立体感。质地细腻，给人以清新柔和之感，并兼有轻质、保温、吸声、防火、防燃，还能调节室内温度等特点。

装饰石膏板可用于宾馆、商场、餐厅、礼堂、音乐厅、练歌房、影剧院、会议室、医院、候机室、幼儿园、住宅等建筑的墙面和吊顶装饰。在湿度较大的环境中应使用防潮板。

2. 嵌装式装饰石膏板

嵌装式装饰石膏板，以建筑石膏为主要原料，掺入适量的纤维增强材料和外加剂，与水一起搅拌成均匀的料浆，经浇注成型、干燥而成的不带护面纸的、板材背面四周加厚并带有嵌装企口的石膏板。它的正面可为平面、带孔或带浮雕图案，代号为 QZ。

嵌装式吸声石膏板，以带有一定数量穿透孔洞的嵌装式装饰石膏板为面板，在背面复合吸声材料，使其具有一定吸声特性的板材，代号为 QS。

这两种石膏板常与 T 型铝合金龙骨配套用于吊顶工程。

(1) 形状与规格

嵌装式石膏板为正方形，其棱边断面形式有直角型和倒角型。板材正面有平面和具有立体感几何纹理和图案。规格为：边长 600 mm×600 mm，600 mm×300 mm，600 mm×1 200 mm，900 mm×450 mm，边厚大于 28 mm；边长 500 mm×500 mm，边厚大于 25 mm。

(2) 产品标记

嵌装式装饰石膏板的标记顺序为：产品名称、代号、边长和标准号。

例如，边长尺寸为 600 mm×600 mm 的嵌装式装饰石膏板，标记为：

嵌装式装饰石膏板 QZ600 GB 9778—88。

(3) 应用

嵌装式装饰石膏板的性能与装饰石膏板的性能相同。此外它也具有各种色彩、浮雕图案、不同孔洞形式（圆、椭圆、二角形等）及其不同的排列形式。

嵌装式装饰吸声石膏板主要用于吸声要求高的建筑物装饰，如音乐厅、礼堂、影剧院、播演室、录音室等。

3. 普通纸面石膏板

普通纸面石膏板（见图 9-12）是以建筑石膏为主要原料，掺入纤维和外加剂构成芯材，并与护面纸牢固结合在一起的建筑板材。护面纸板主要起到提高板材抗弯、抗冲击的作用。

图 9-12　普通纸面石膏板

有纸覆盖的纵向边称为棱边，垂直棱边的切割边称为端头，护面纸边部无搭接的板面称为正面，护面纸边部有搭接的板画称为背面，平行于棱边的板的尺寸为长度，垂直于棱边的板的尺寸称为宽度，板材正面和背面间的垂直距离称为厚度。

（1）形状与规格

普通纸面石膏板根据棱边的形状分为矩形（PJ）、45°倒角形（PD）、楔形（PC）、半圆形（PB）、圆形（PY）。

普通纸面石膏板的规格尺寸：长度为 1 800 mm，2 100 mm，2 400 mm，2 700 mm，3 000 mm,3 300 mm，3 600 mm，宽度为 900 mm 和 1 200 mm，厚度为 9 mm，12 mm，15 mm 和 18 mm，也可按需生产。

（2）产品标记

标记的顺序为：产品名称、板材棱边形状的代号、板宽、板厚及标准号。如板材棱边为楔形、宽为 900 mm、厚为 12 mm 的普通纸面石膏板标记为：普通纸面石膏板 PC 900×12 GB 9775—88。

（3）特点与应用

普通纸面石膏板具有质轻、抗弯和抗冲击性强、保温、防火、吸声、收缩率小的性能，可锯、可钉、可钻，并可用钉子、螺栓和以石膏为基材的胶粘剂或其他胶粘剂粘结，施工简便。当与钢龙骨配合使用时，可作为 A 级不燃性装饰材料使用；普通纸面石膏板耐水性差，受潮后强度明显下降，并会产生较大变形或较大的挠度，板材的耐火极限一般为 5 ~15 min；普通纸面石膏板的表观密度为 800 ~950 kg/m^3；导热系数为 0.193 W/（M·K）；双层隔声性能较好，可减小 35.5 dB；强度比石膏装饰板高。纸面石膏板尺寸规范、表面平整，还可以调节室内湿度。

普通纸面石膏板主要适用于室内隔断和吊顶。普通纸面石膏板仅适用于干燥环境，不适用于厨房、卫生间，以及空气相对湿度大于 70% 的潮湿环境。

普通纸面石膏板不可单独作装饰材料使用，表面须进行饰面处理，才能获得理想的装饰效果，如喷涂、辊涂或刷涂装饰涂料，裱糊壁纸；镶贴各种类型的玻璃片、金属抛光板、复合塑料镜片等。

普通纸面石膏板与轻钢龙骨构成的墙体体系为轻钢龙骨石膏板体系（简称 QST），其构造主要有两层板墙和四层板墙：前者适用于分室墙，后者适用于分户墙。该体系的自重仅为 30 ~50 kg/m^2，墙体内的空腔还可方便管道、电线等的埋设，此外该体系还具有普通纸面石膏板的各种优点。

4. 吸声用穿孔石膏板

吸声用穿孔石膏板（见图 9-13），是指以穿孔的装饰石膏板或纸面石膏板为基础板材，与吸声材料组合或背覆透气性材料组合而成的石膏板。

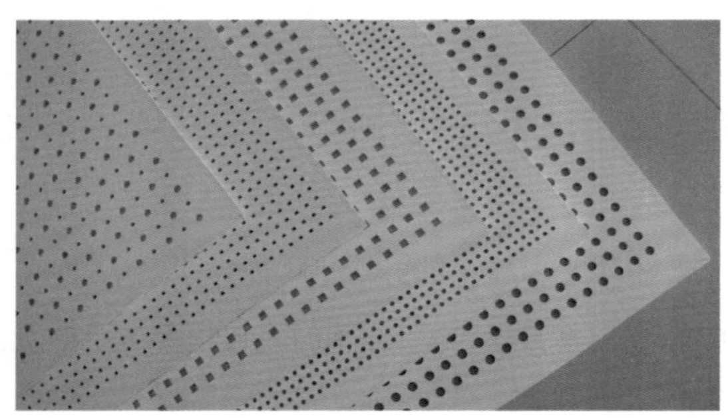

图 9-13　吸声用穿孔石膏板

吸声石膏板的分类见表 9-2。

表 9-2　吸声石膏板的分类

基板与代号	背覆材料代号	板类代号
装饰石膏板 K	W（无），Y（有）	WK，YK
纸面石膏板 C		WC，YC

（1）形状与规格

吸声用穿孔石膏板为正方形，边长为 500 mm 和 600 mm，厚度为 9 mm 和 12 mm。棱边形状分直角形和倒角形两种。

（2）产品标记

吸声用穿孔石膏板的产品标记顺序为：产品名称、背覆材料、基板类型、边长、厚度、孔径、孔距及标准号。如吸声用穿孔石膏板 YC 600×12-6-18 GB 1198。

(3) 特点与应用

吸声用穿孔石膏板具有较高吸声性能，吸声结构由背覆材料、吸声材料及空气间层组成。以装饰石膏板为基板的吸声用穿孔石膏板还具有装饰石膏板的各种优良性能。以防潮、耐水和耐火石膏板为基材的还具有较好的防潮性、耐水性和遇火稳定性。吸声用穿孔板的抗弯、抗冲击性能及抗断裂荷载较基板低，使用时应予以注意。

吸声用穿孔石膏板主要用于音乐厅、影剧院、演播室、会议室及其他对音质要求高的或对噪声限制较严的场所，作为吊顶、墙面等的吸声装饰材料。使用时可根据建筑物的用途或功能及室内湿度的大小，来选择不同的基板，如干燥环境可选用普通基板，相对湿度大于70% 的潮湿环境应选用防潮基板或耐水基板，重要建筑或防火等级要求高的建筑应选用耐火基板。表面不再进行装饰处理的，其基板应为装饰石膏板；需进一步进行饰面处理的，其基板可选用纸面石膏板。

5. 特种耐火石膏板

特种耐火石膏板（见图 9-14）是以建筑石膏为芯材，内掺多种添加剂，板面上复合专用玻璃纤维毡生产工艺与纸面石膏板相似。

图 9-14　特种耐火石膏板

特种耐火石膏板按燃烧属于 A 级建筑材料，遇火稳定时间可达 1 h。板的自重略小于普通纸面石膏板。板面可丝网印刷、压滚印花。板面上有直径 1.5 ~2.0 mm 的透孔，吸声系数为 0.34。

耐火纸面石膏板的长度分为 1 800，2 100，2 400，2 700，3 300，3 600 mm；宽度分为 900，1 200 mm，厚度分为 9，12，15，18，21，25 mm。

它适用于防火等级要求高的建筑物吊顶、墙面、隔断等的装饰材料。

6. 防水石膏板

生产过程中在板芯加入有机硅防水剂并对护面纸特殊耐水处理，载体使用聚乙烯醇使护面纸与芯材的黏结强度增加，从而在板材的表面和内部形成大量朝外的憎水型分子结构使板材具有防水能力，吸水率在5%左右。防水石膏板（见图9-15）适用于湿度大且空气流通好的卫浴、厨房等隔断，使用时必须与水隔开，表面需防水处理和粘贴瓷砖。

图9-15 防水石膏板

耐水纸面石膏板的长度分为1 800，2 100，2 400，2 700，3 000，3 300，3 600 mm；宽度分为900，1 200 mm，厚度分为9，12，15 mm。

（五）艺术石膏浮雕装饰制品

艺术石膏浮雕装饰制品（见图9-16）具有造型生动、立体感强、稳定不变形、不老化、不褪色、无毒、防潮、阻燃等特点。它适用于会议室、餐厅、酒吧等公共建筑用，及民用住宅室内顶棚的装饰。

图9-16 艺术石膏浮雕装饰制品

1. 装饰石膏线角

装饰石膏线角的断面形状似为一字形或L形的长条状装饰部件（见图9-17），多用高强石膏或加筋建筑石膏制作，用浇注法成型。其表面呈现弧形和雕花形。规格尺寸很多，线角的宽度为 45 ~300 mm，长度一般为 1 800 ~2 300 mm，主要在室内装修中组合使用。

线角的安装固定多用石膏胶粘剂直接粘贴。粘贴后用铲刀将线角压出的多余胶粘剂清理干净，用石膏腻子封平挤缝处，砂纸打磨光，最后刷涂料。

2. 石膏造型

石膏造型单独用或配合廊柱用，如图 9-18 所示。

图 9-17　装饰石膏线角

图 9-18　石膏造型

3. 石膏壁画

石膏壁画是集雕刻艺术与石膏制品于一体的饰品，整幅画面可大到 1.8 m×4 m，画面有山水、松竹、飞鹤、腾龙等，由多块小尺寸预制件拼合而成，如图 9-19 所示。

图 9-19　石膏壁画

4. 艺术顶棚、灯圈、角花

一般在灯座处及顶棚四角粘贴，顶棚和角花多为雕花形或弧形石膏饰件，灯圈多为圆形花饰，直径为 0.9 ~2.5 m，美观、雅致，如图 9-20 所示。

图 9-20　灯圈

5. 石膏花台

石膏花台的形体为 1/2 球体，可悬置空中，上插花束而呈半球花篮状，又可为 1/4 球体贴墙面而挂，或 1/8 球体置于墙壁阴角，如图 9-21 所示。

图 9-21　石膏花台

6. 艺术廊柱

艺术廊柱主要仿欧洲建筑流派风格造型，分上、中、下三部分，上为柱头，有盆状、漏斗状或花篮状等，中为方柱体或空心圆，下为基座，如图 9-22 所示，多用于营业门面、厅堂及门窗洞口处。

图 9-22　艺术廊柱

二、石灰

石灰（见图9-23）是一种以氧化钙为主要成分的气硬性无机胶凝材料。石灰是用石灰石、白云石、白垩、贝壳等碳酸钙含量高的原料，经900~1 100 ℃煅烧而成。石灰是人类最早应用的胶凝材料。石灰可分为生石灰和熟石灰（即消石灰），按其氧化镁含量（以5%为限）又可分为钙质石灰和镁质石灰。由于其原料分布广，生产工艺简单，成本低廉，在土木工程中应用广泛。

图9-23　石灰

石灰有较强的保持水分的能力，将它掺入水泥砂浆中，配成混合砂浆，可显著提高砂浆的和易性。但是，石灰不宜在长期潮湿和受水浸泡的环境中使用，也不宜单独使用。石灰在硬化过程中，要蒸发掉大量的水分，引起体积显著收缩，易出现干缩裂缝。在掺入砂、纸筋、麻刀等材料后，可有效减少收缩，增加抗拉强度，并能节约石灰。

石灰在土木工程中应用范围很广，主要用途如下：

① 石灰乳砂浆，掺加石灰粉或石灰膏粉刷。用石灰膏或消石灰粉可配制石灰砂浆或水泥石灰混合砂浆，用于砌筑或抹灰工程。

② 石灰稳定土，将消石灰粉或生石灰粉掺入各种粉碎或原来松散的土中，经拌和、压实及养护后得到的混合料，称为石灰稳定土。它包括石灰土、石灰稳定沙砾土、石灰碎石土等。黏土颗粒表面的少量活性氧化硅和氧化铝与氢氧化钙发生反应，生成水硬性的水化硅酸钙和水化铝酸钙，使黏土的抗渗能力、抗压强度、耐水性得到改善。广泛用作建筑物的基础、地面的垫层及道路的路面基层。

③ 硅酸盐制品以石灰（消石灰粉或生石灰粉）与硅质材料（砂、粉煤灰、火山灰、矿渣等）为主要原料，经过配料、拌和、成型和养护后可制得砖、砌块等各种制品。因内部的胶凝物质主要是水化硅酸钙，所以称为硅酸盐制品，常用的有灰砂砖、粉煤灰砖等。

第十章　建筑涂料

涂料是有机高分子胶体混合物的液体和粉末，可借助于刷涂、辊涂、喷涂、抹涂、弹涂等多种作业方法涂覆于物体表面，形成一种具有一定附着力、机械强度和装饰作用的涂膜。涂料是常见的用于建筑物的内外表面的装饰和保护方法之一，以其丰富的色彩和质感装饰美化建筑物，并能以其某些特殊功能改善建筑物的使用条件，延长建筑物的使用寿命。

第一节　建筑涂料的基本知识

一、涂料的组成

涂料种类繁多，功能各异，其主要成分有成膜物质、颜料、辅助材料等，见表10-1。

表 10-1　涂料主要成分

类型	说明	成分	说明	备注
主要成膜物质	主要成膜物质大多数是有机高分子化合物，将涂料中的其他组分粘结成为一体。具有独立成膜能力，决定涂料的使用和所形成涂膜的主要技术性能	树脂	天然树脂（松香虫胶等）、人造树脂（松香衍生物、橡胶衍生物等）、合成树脂（缩合型合成树脂、聚合型合成树脂等）	不挥发成分
		油料	干性油（桐油、亚麻油等）、半干性油（豆油、棉籽油等）	
次要成膜物质	涂料中的各种颜料。使得涂膜着色，并赋予涂膜良好的遮盖力，增加涂膜质感，改善涂膜性能，降低涂料成本	着色颜料	有机颜料（耐晒黄、酞青蓝、群青等）、无机颜料（钛白、氧化铁红、氧化铁黄、铝粉、炭黑等）	
		防锈颜料	红丹、锌铬黄、锌粉等	
		体质颜料	滑石粉、碳酸钙、碳酸钡、硫酸钙等	
辅助成膜物质	改善涂料性能，提高涂膜质量的辅助材料	助剂	增塑剂、稳定剂、固化剂、防霉剂、流平剂、乳化剂、催干剂、防结皮剂等	
		稀释剂	助溶剂、溶剂、冲淡剂等	挥发成分

一般将油脂和天然树脂合用作为成膜物质的涂料叫作油基涂料或油基漆；用合成树脂为成膜物质的涂料叫作树脂涂料或树脂漆。

二、涂料的分类

（一）按主要成膜物质分类

涂料按主要成膜物质分为油性涂料、天然树脂涂料、合成树脂涂料、无机高分子涂料和有机－无机复合涂料等。

（二）按功能作用分类

涂料按功能作用分为防火涂料、防水涂料、防锈涂料、防腐涂料、各类装饰涂料（质感涂料、肌理涂料等）和特种涂料（剧院、防污、防伪、导电、防红外线等）。

（三）按涂膜厚度分类

涂料按涂膜厚度分类可以分为薄质涂料和厚质涂料。薄质涂料的厚度一般为 50 ~ 100 μm，厚质涂料的厚度一般为 1 ~6 mm。

（四） 按应用范围分类

涂料按应用范围分为室内壁面涂料、室外壁面涂料、非金属涂料（如木材、织物、塑料、橡胶等表面涂装）、金属材料表面涂料、地面涂料（木地面、水泥地面等）。

（五）按涂料使用分散介质分类

涂料按涂料使用分散介质分为溶剂型涂料和水性涂料（乳液型涂料、水溶性涂料）。

1. 溶剂型涂料

溶剂型涂料是以有机高分子合成树脂为基料，有机溶剂为稀释剂，加入适量的颜料、填料及助剂等，经研磨而成的涂料。涂膜细腻坚韧，有一定的耐水性，有较高的硬度、光泽、耐水性、耐洗刷性、耐候性、耐碱性和气密性，对基体有较高的装饰性和保护性，且施工方便，施工温度低。溶剂型涂料的特点是有机溶剂易燃、挥发有害物体且造价较贵。

2. 水性涂料

（1）乳液型涂料

乳液型涂料又称乳胶漆，是以合成树脂的极细微粒子分散于水中构成乳胶液（加入少量乳化剂）为基料，并加入适量颜料、填料、助剂，经研磨而成的涂料。乳液型涂料无毒、不燃、对人无害，价格低廉。乳液型涂料具有透气性，墙面施工时对墙面的干燥度要求较低，施工温度在10 ℃以上，用于潮湿部位时需加入防霉剂。

（2）水溶性涂料

水溶性涂料是以水溶性合成树脂为基料，以水为稀释剂，并加入少量颜料、填料及助剂，经研磨而成的涂料。水溶性涂料价格低廉、无毒无味、施工方便，但耐水性、耐候性、耐洗刷性较差，一般用于建筑内墙面。

（六）按涂膜质感分类

按涂膜的质感，涂料可分为平壁状涂层涂料、砂壁状涂层涂料（见图10-1）和凹凸立体花纹涂料（见图10-2）。

图10-1　砂壁状涂层涂料

图10-2　凹凸立体花纹涂料

三、涂料的命名与型号

（一）命名原则

涂料全名 = 颜色或颜料名称 + 成膜物质名称 + 基本名称，如图10-3所示。

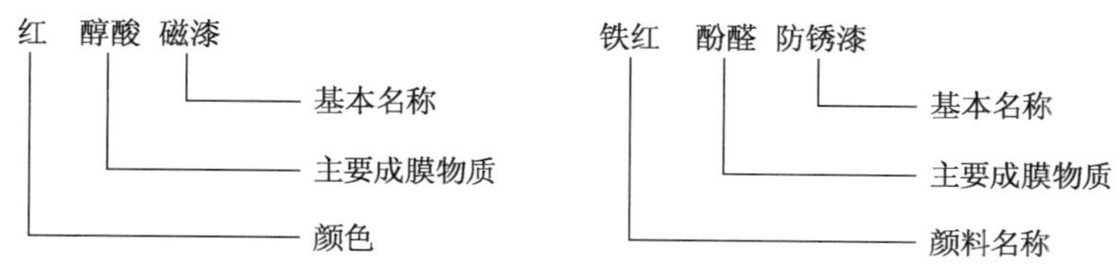

图 10-3 涂料命名原则

（二）涂料的型号

涂料型号分为 3 个部分。

第一部分是成膜物质，即涂料分类表中的代号，用汉语拼音字母表示，见表 10-2。

第二部分是基本名称，用两位数字表示，见表 10-3。

第三部分是序号，用阿拉伯数字表示，以便区别同类品种间的组成。

第二部分与第三部分之间有一短划线，它的作用是把基本名称与序号隔开，这样组成的型号只能表示一个涂料品种。如油性调和漆的型号是 Y03-1，“Y” 表示主要成膜物质的名称 “油脂漆”，03 表示涂料的基本名称 “调和漆”，“ -1 ” 表示调和漆中的一个品种。

若一种涂料的主要成膜物质有多种，则按照在涂料中起主要作用的一种成膜物质为基础进行分类。

表 10-2 涂料的类别

序号	类别	主要成膜物质	代号
1	油脂	天然植物油、合成油等	Y
2	天然树脂	松香及其衍生物、虫胶、乳酪素、大漆及其衍生物等	T
3	酚醛树脂	酚醛树脂、改性酚醛树脂	F
4	沥青漆类	天然沥青、石油沥青、煤焦油沥青等	L
5	醇酸柯脂	甘油醇酸树脂，改性醇酸树脂	C
6	氨基树脂	脲醛树脂	A
7	硝基	硝基纤维素，改性硝基纤维素	Q
8	纤维素	乙基纤维、苄基纤维、醋酸纤堆、羟基纤维等	M
9	过氯乙烯树脂	过氯乙烯、改性过氯乙烯	G
10	烯烃类树脂	氯乙烯共聚物、聚醋酸乙烯及其共聚物、聚苯乙烯树脂、氧化聚丙烯树脂等	X
11	丙烯酸树脂	丙烯酸树脂及其共聚物改性树脂	B
12	聚酯树脂	饱和聚酯树脂、不饱和聚酯树脂	Z
13	环氧树脂	环氧树脂、改性环氧树脂	H
14	聚氨酯树脂	聚氮基甲酸酯	S

续表

序号	类别	主要成膜物质	代号
15	元素有机聚合物	有机硅、有机钛、有机铝等	W
16	橡胶	天然橡胶及其衍生物	J
17	其他	以上16类未包括的其他成膜物质，如无机高分子材料等	E

表 10-3　部分涂料的基本名称和代号

代号	基本名称	代号	基本名称	代号	基本名称
00	清油	14	透明漆	61	耐热漆
01	清漆	15	斑纹漆、裂纹漆、桔纹漆	62	示温涂料
02	厚漆	19	闪光漆	66	光固化涂料
03	调和漆	24	家电用漆	77	内墙涂料
04	磁漆	26	自行车漆	78	外墙涂料
05	粉末涂料	23	罐头漆	79	屋面防水涂料
06	底漆	50	耐酸漆、耐碱漆	80	地板漆、地坪漆
07	腻子	52	防腐漆	86	标志漆、路标漆、马路划线漆
09	大漆	53	防锈漆	98	胶液
12	乳胶漆	55	耐水漆	99	其他
13	水溶性漆	60	防火漆		

（三）辅助材料的型号表示方法

当涂料中的辅助材料需要特别标出时，其型号由两部分组成，第一部分是辅助材料种类，用汉语拼音字母表示；第二部分是序号。

辅助材料按用途划分，其种类及代号为：稀释剂 -X、防潮剂 -F、催干剂 -G、脱漆剂 -T、固化剂 -H。

第二节　建筑涂料的技术性能要求

一、涂料的主要技术性能要求

涂料的主要技术性能要求包括在容器中的状态、黏度、含固量、细度、干燥时间、低成膜温度等。

1. 在容器中的状态

涂料在容器中的状态反映涂料体系在储存时的稳定性。各种涂料在容器中储存时均应无结块，搅拌后应呈均匀状态。

2. 黏度

涂料应有一定的黏度，使其在涂饰作业时易于流平而不流挂。建筑涂料的黏度取决于主要成膜物质本身的黏度和含量。

3. 含固量

含固量是指涂料中不挥发物质在涂料总量中所占的百分比。含固量的大小不仅影响涂料的黏度，同时也影响到涂膜的强度、硬度、光泽及遮盖力等性能。薄质涂料的含固量通常不小于45%。

4. 细度

细度是指涂料中次要成膜物质的颗粒大小，它影响涂膜颜色的均匀性、表面平整性的光泽。薄质涂料的细度一般不大于62 μm。

5. 干燥时间

涂料的干燥时间分为表干时间和实干时间，它影响到涂饰施工的时间。一般地，涂料的表干时间不应超过2 h，实干时间不应超过24 h。

6. 最低成膜温度

最低成膜温度是乳液型涂料的一项重要性能。乳液型涂料只有在10 ℃以上时才可以进行涂饰成膜。此外，对不同类型的涂料，还有一些不同的特殊要求，如砂壁状涂料的骨料沉降性、合成树脂乳液型涂料的低温稳定性等。

二、涂膜的主要技术性能要求

涂膜的技术性能包括物理力学性能和化学性能，主要有涂膜颜色、遮盖力、附着力粘结强度、耐冻融性、耐污染性、耐候性、耐水性、耐碱性及耐刷洗性等。

1. 涂膜颜色

涂膜颜色与标准样品相比，应符合色差范围。

2. 遮盖力

遮盖力反映涂膜对基层材料颜色遮盖能力的大小，与涂料中着色颜料的着色力及含量有关，通常用能使规定的黑白格遮盖所需涂料的单位面积质量 g/cm^2 表示。建筑涂料的遮盖力范围为100 ~300 g/cm^2。

3. 附着力

附着力是表示薄质涂料的涂膜与基层之间粘结牢固程度的性能，通常用划格法测定将涂料制成标准的涂膜样本，然后用锋利的刀片，沿长度和宽度方向每隔 1 mm 划线，共切出 100 个方格，划线时应使刀片切透涂膜；然后用软毛刷沿对角线方向反复刷 5 次，在放大镜下观察被切出的小方格涂膜有无脱落现象。用未脱落小方格涂膜的百分数表示附着力的大小。质量优良的涂膜其附着力指标应为 100%。

4. 粘结强度

粘结强度是表示厚质建筑材料涂料和复层建筑涂料的涂膜与基层粘结牢固程度的性能指标。粘结强度高的涂料其涂膜不易脱落，耐久性好。

5. 耐冻融性

外墙涂料的涂膜表面毛细管内含有吸收水分，在冬季可能发生反复冻融，导致涂膜开裂、粉化、起泡或脱落。因此对外墙涂料的涂膜有一定的耐冻融性要求。涂膜的耐冻融性用涂膜标准样板在 -20 ~23 ℃之间能承受的冻融循环次数表示，次数越多，表明涂膜的耐冻融性越好。

6. 耐沾污性

耐沾污性是指涂料抵抗大气灰尘污染的能力，它是外墙涂料的一项重要的性能。暴露在大气环境中的涂料，受到的灰尘污染有 3 类：第一类是沉积性污染，即灰尘自然沉积在涂料表面，污染程度与涂膜的平整性有关；第二类是侵入性污染，即灰尘、有色物质等随同水分侵入到涂膜的毛细孔中，污染程度与涂膜的致密性有关；第三类是吸附性污染，即由于涂膜表面带有静电或油污而吸引灰尘造成污染。其中以第二类污染对涂膜的影响最为严重。涂料的耐沾污性用涂膜经污染剂反复污染至规定次数后，对光的反射系数下降率的百分数表示，下降率越小，涂料的耐沾污性越好。

7. 耐候性

有机涂料的主要成膜物质在光、热、臭氧的长期作用下，会发生高分子的降解或交联，使涂料发黏或变脆、变色，失去原有的强度、柔韧性和光泽，最终导致涂膜的破坏。这种现象称为涂料的老化。涂料抵抗老化的能力称为耐候性。它通常用经给定的人工加速老化处理时间后，涂膜粉化、裂化、起鼓、剥落及变色等状态指标来表示涂料的耐候性。

8. 耐水性

涂料与水长期接触会产生起泡、掉粉、失光、变色等破坏现象。涂膜抵抗水的这种破坏作用的能力称为涂料的耐水性。涂料的耐水性用浸水试验法测定。

9. 耐碱性

大多数建筑涂料是涂饰在水泥混凝土、水泥砂浆等含碱材料的表面上，在碱性介质的作用下，涂膜会产生起泡、掉粉、失光和变色等破坏现象，因此涂料必须具有一定的抵抗碱性介质破坏的能力，即耐碱性。涂料的耐碱性的测定方法是：将涂膜试样浸泡在 $Ca(OH)_2$ 饱和水溶液中一定时间后，检查涂膜表面是否产生上述破坏现象及破坏程度，用以评价涂料的耐碱性。

10. 耐刷洗性

耐刷洗性表示涂膜受水长期冲刷而不破坏的性能。涂料耐刷洗性的测定方法是：用浸有规定浓度肥皂水的鬃刷，在一定压力下反复擦刷试板的涂膜，刷至规定的次数，观察涂膜是否破损露出试板底色。外墙涂料的耐刷洗次数一般要求达 1 000 次以上。

上述对涂膜的各项技术要求并非对所有的涂料都是必需的，如耐冻融性、耐油污性、耐候性对于外墙涂料是重要的技术性能，但对内墙涂料则往往不做要求。此外，对于不同的涂料，还有一些特殊的技术要求，如对地面涂料，要求具有较高的耐磨性；对复层建筑涂料，则需要有较高的耐冷热循环性及耐冲击性等。

第三节 常用涂料的特性与用途

一、木器漆

木器漆是涂覆于木制品表面的一类树脂漆，可使木质表面更加光滑，对木制品表面起保护作用，防止被硬物刮伤及有效防止水分渗入；有效防止阳光直晒木质家具造成干裂。常用木器漆有硝基漆、聚酯漆、聚氨酯漆等。

（一）木器漆的分类

1. 按溶剂类别分类

木器漆按溶剂类别分为水性漆与油性漆。

2. 按漆黑膜光泽度分类

木器漆按漆膜光泽可分为高光、半哑光、哑光。

3. 按用途可分类

木器漆按用途可分为家具漆、地板漆等。

4. 按颜色分类

木器漆按颜色可分为清漆、白色漆和彩色漆。

（二）常见的木器漆品类

1. 硝基清漆

硝基清漆又称蜡克、喷漆。硝基清漆是一种由硝化棉、醇酸树脂、增塑剂及有机溶剂调制而成的透明漆，属挥发性油漆，具有干燥快、漆膜坚硬、光亮柔和、耐磨、耐久等优点，但耐光性差，高湿天气易泛白，丰满度低。硝基清漆主要用于高级建筑的门窗、壁板、扶手等。硝基清漆的成本高，施工麻烦，溶剂有毒，易挥发，使用时注意通风和劳动保护。

2. 聚酯漆

聚酯漆是用聚酯树脂为主要成膜物制成的一种厚质漆，漆膜丰满，层厚面硬。聚酯漆施工过程中需要进行固化，其固化剂中的主要成分 TDI（甲苯二异氰酸酯）易使家具漆面变黄，对人体有害，国际上对于游离 TDI 的限制标准是控制在 0.5% 以下。

聚酯漆分为有色漆和清漆两种，清漆品种称作聚酯清漆。

3. 聚氨酯漆

聚氨酯漆即聚氨基甲酸酯漆。它漆膜强韧，光泽丰满，附着力强，具有耐水、耐磨、耐腐蚀性，广泛用于高级木器家具，也可用于金属表面。

聚氨酯漆的缺点主要有遇潮起泡，漆膜粉化等问题，与聚酯漆一样，它同样存在着变黄的问题。聚氨酯漆同样分为有色漆和清漆，清漆品种称为聚氨酯清漆。

二、水性金属漆

水性金属漆是国际环保水性工业漆，对不锈钢、铝合金、镁合金等金属起到表面装饰及保护作用。主材为水性氨基树脂、有机颜料及助剂，以清水为稀释剂。水性金属漆漆膜丰满、平滑，硬度高，附着力极强，耐黄变，耐水，耐酸碱，耐磨，性能持久稳定，安全，防锈，美观，无毒害，不含甲醛，不含游离 TDL，不含苯、甲苯、二甲苯，不燃烧，无气味，VOC 含量优于环境标准要求。

水性烘烤金属漆的产品有清漆、各色金属漆（亮光、平光、哑光）、实色金属漆、各色透明金属漆、色金属漆、银色金属漆、闪光金属漆、裂纹金属漆等。

三、内墙涂料

（一）乳胶漆

乳胶漆是乳胶涂料的俗称，是以丙烯酸酯共聚乳液为代表的一大类合成树脂乳液涂料。乳胶漆是水分散性涂料，它是以合成树脂乳液为基料，填料经过研磨、分散后加入各种助剂精制而成的涂料。乳胶漆易于涂刷、干燥迅速、漆膜耐水、耐擦洗性好、抗菌等，可用作建筑物外墙及室内空间中墙面、顶面的装饰。

1. 乳胶漆的特点

(1) 安全无毒、施工方便

安全无毒无味，彻底解决了油漆工中由于有机溶剂毒性气体的挥发而带来的劳动保护及污染环境问题，杜绝了火灾的危险，施工方便，可以刷涂，也可辊涂、喷涂、抹涂、刮涂等，施工工具可以用水清洗。涂膜干燥快，25 ℃时，30 min 内表面即可干燥，120 min 可完全干燥。

(2) 透气性、遮盖性强

透气性好、耐碱性强，因此涂层内外湿度相差较大时，不易起泡，在室内，涂层也不易出水，特别适于建筑物内外墙的水泥面、灰泥面上涂刷，覆遮性和遮蔽性好。

(3) 附着力好、防水

漆膜良好的附着力可以避免出现裂缝和瑕疵，易清洗性确保了光泽和色彩的保持。乳胶漆具有优异的防水功能，防止水渗透墙壁，损坏水泥，从而保护墙壁，并具抗菌功能，同时还具有良好的抗碳化、耐碱性功能。

2. 常见乳胶漆品种

(1) 聚醋酸乙烯乳胶漆

聚醋酸乙烯乳胶漆的主要成膜物质是由醋酸乙烯单体通过乳液聚合得到的均聚乳液。在乳液中加入着色颜料、填料和各种助剂，经研磨或分散处理而制成的一种乳液涂料。

这种涂料无毒、无味，涂膜细腻、平光、透气性好，色彩多样，施工方便，耐水、耐碱、耐候性较其他共聚乳液差，是一种中档内墙涂料。

(2) 丙烯酸酯乳胶漆

丙烯酸酯乳胶漆主要成膜物质是丙烯酸酯共聚乳液，它是由甲基丙烯酸甲酯、丙烯酸乙酯、丁酯及丙烯酸、甲基丙烯酸为单体，进行乳液共聚而得到的纯丙烯酸系共聚乳液。

丙烯酸酯乳胶漆的涂膜光泽柔和，耐候性、保光性、保色性优异，耐久性好，是一种高档的内墙涂料。

由于纯丙烯酸酯乳胶漆价格昂贵，常以丙烯酸系单体为主，与醋酸乙烯、苯乙烯等单体进行乳液共聚，制成性能较好而价格适中的中高档内墙涂料。主要品种：乙－丙涂料和苯－丙涂料。

(3) 乙－丙乳胶漆

乙－丙乳胶漆是醋酸乙烯－丙烯酸配共聚乳液涂料的简称。耐碱性、耐水性均优于聚醋酸乙烯乳胶漆。

(4) 苯－丙乳胶漆

苯－丙乳胶漆是苯乙烯－丙烯酸酯共聚乳液涂料的简称。这种涂料的耐碱性、耐水性、耐洗刷性及耐久性稍低于纯丙烯酸酯乳液涂料，但优于其他品种的内墙涂料。

3. 乳胶漆的选择

市面上的乳胶漆品种多样，可以根据空间的不同功能选择相应特点的乳胶漆。如潮湿环境可以选择耐真菌性、耐污渍、耐擦洗性较好的产品；除此之外，选择具有一定弹性的乳胶漆，对覆盖裂纹，保护墙面的装饰效果有利。选择乳胶漆时主要查看其环保指标是否符合标准，墙面漆的关键环保指标有 3 项：VOC、游离甲醛、重金属。

(1) 查看外包装和环保检测报告

一般乳胶漆包装的正面都会标注名称、商标、净含量、成分、使用方法和注意事项。注意生产日期和保质期，各品牌乳胶漆标注的保质期为 1 年到 5 年不等。一般的品牌乳胶漆都有环保检测报告或检测单。检测报告对 VOC、游离甲醛及重金属含量的检测结果都有标准。国家标准 VOC 每升不能超过 200 g，游离甲醛每千克不能超过 0.1 g。

(2) 查看质量与品质

一般来说，质量合格的乳胶漆，一桶 5 L 大约为 7 kg，一桶 18 L 大约为 25 kg。优质的乳胶漆比较黏稠，呈乳白色的液体，无硬块、搅拌后呈均匀状态，没有异味。而且，在手指上均匀涂开，几分钟之内干燥结膜，结膜又有一定延展性的都是品质较好的涂料。

4. 涂刷面积的测算

涂料在涂刷前，需要对涂刷面积进行测算。在一个标准的方形房间里，除了 4 个面需要涂刷外，还有顶面的部分，在这 5 个面里有门和窗，所以需要减去门和窗的面积，即：长 × 宽 + 长 × 高 × 2 + 宽 × 高 × 2 − 门窗面积，经简化得：长 × 宽 + 周长 × 高 − 门窗面积。一般情况下通过以上方法算出的结果都在占地面积的 3.5 倍左右，所以在实际使用中可以用长 × 宽 × 3.5 来估算内墙的涂刷面积。

(二) 艺术涂料

艺术涂料最早起源于欧洲，在 20 世纪进入国内市场以后，以其新颖的装饰风格，不同寻常的装饰效果，备受推崇。艺术涂料是一种新型的墙面装饰艺术材料，再加上现代高科技的处理工艺，产品无毒、环保，同时还具备防水、防尘、阻燃等功能，优质艺术涂料可洗刷、耐摩擦，色彩历久常新。

1. 常见的艺术涂料品种

(1) 威尼斯灰泥

威尼斯灰泥由丙烯酸乳液、天然石灰岩、无机矿土、超细硬质矿粉等混合的浆状涂料，通过各类批刮工具在墙面上批刮操作，可产生各类纹理。威尼斯灰泥艺术效果明显，质地和手感滑润，花纹讲究若隐若现，有三维感，表面平滑如石材，光亮如镜面；独特的施工手法和蜡面工艺处理，手感细腻抚如玉石般的质地和纹理，可以在表面加入金银批染工艺，渲染出华丽的效果，如图 10-4 所示。

图 10-4　威尼斯灰泥

(2) 板岩漆系列

板岩色彩鲜明，具有板岩石的质感，可任意创作艺术造型。通过艺术施工的手法，呈现各类自然岩石的装饰效果，具有天然石岩材的表现力，同时又具有保温、降噪的特性。绿色环保、超强石材表现颜色持久、亮丽如新，如图 10-5 所示。

图 10-5　板岩漆系列

(3) 浮雕漆系列

立体质感逼真的彩色墙面涂装艺术质感涂料，装饰后的墙面具有浮雕般观感效果，所以称之为浮雕漆（见图10-6）。浮雕漆具有独特立体的装饰效果，仿真浮雕效果，涂层坚硬、黏结性强、阻燃、隔音、防霉、艺术感强。

图10-6 浮雕漆系列

(4) 幻影漆系列

幻影漆能使墙面变得如影如幻，能装饰出上千种不同色彩、不同风格的变幻图案效果，或清素淡雅或热烈奔放，融合了古典主义与现代神韵，漆膜细腻平滑、质感如锦似缎，错落有致，高雅自然，如图10-7所示。

图10-7 幻影漆系列

(5) 肌理漆系列

肌理漆系列具有一定的肌理性，花型自然、随意，适合不同场合的要求，满足人们追求个性化装修的需求，异形施工更具优势，可配合设计做出特殊造型与花纹，花色丰富，如图 10-8 所示。

图 10-8　肌理漆系列

（6）金属漆系列

金属漆系列是由高分子乳液、纳米金属光材料、纳米助剂等优质原材料采用高科技生产技术合成的新产品，适合于各种内外场合的装修，具有金箔闪闪发光的效果，给人一种金碧辉煌的感觉。效果高贵典雅，施工方便，装饰性极强，如图 10-9 所示。

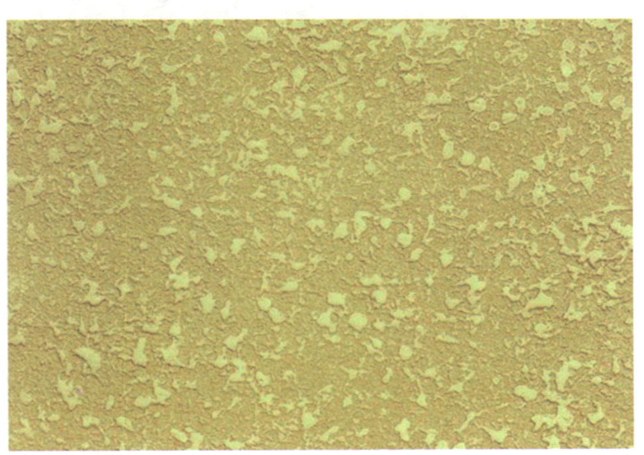

图 10-9　金属漆系列

（7）裂纹漆系列

裂纹变化多端，错落有致，具有艺术立体美感，如图 10-10 所示。

图10-10　裂纹漆系列

(8) 马来漆系列

马来漆是流行于欧美、日本、中国台湾地区的一种新型墙面艺术漆，漆面光洁有石质效果，花纹讲究若隐若现，有三维感（见图10-11）。花纹有冰菱纹、水波纹、大刀石纹等各种效果。它可以无缝连接，不提色，不起皮，施工简单、便于清理，是一种具备多重优点的全新内墙装饰涂料。

图10-11　马来漆系列

(9) 砂岩漆系列

砂岩漆以天然骨材、大理石粉结合而成的特殊耐候性防水涂料（见图10-12）。砂岩漆可以配合建筑物不同的造型需求，在平面、圆柱、线板或雕刻板上创造出各种砂壁状的质感，满足设计上的美观需求。装饰效果特殊，耐候性佳，密着性强，耐碱性优，具有天然石材的质感，耐腐蚀，易清洗，防水，纹理清晰流畅，效果几乎可以媲美天然澳洲砂岩。

图10-12　砂岩漆系列

(10) 云丝漆系列

云丝漆是通过专用喷枪和特别技法，使墙面产生点状、丝状和纹理图案的仿金属水性涂料（见图10-13）。丝缎质感，金属光泽，让单调的墙体布满了立体感和流动感，不开裂、起泡，既适合与其他墙体装饰材料配合使用，又可用于个性形象墙的局部点缀。

图10-13　云丝漆系列

(11) 风洞石系列

风洞石系列纹理神似天然石材，流动韵律感极强，层次清晰且富有韵味，堪与真正的石材媲美，且整体感强，无论是用于转角还是面柱，都可以与其浑然一体，如图10-14所示。

图10-14　风洞石系列

2. 艺术涂料的特点

艺术涂料层次丰富、附着力强、无缝、色泽鲜艳持久、施工便捷。通过不同的涂刷次数与工艺，可达到不同的效果。

3. 艺术涂料的用途

艺术涂料应用广泛，在多数建筑空间内部均可使用。

4. 艺术涂料的选择

（1）看粒子度

取一透明的玻璃杯，盛入半杯清水，然后，取少许多彩涂料，放入玻璃杯中，与水一起搅动，凡质量好的多彩涂料，杯中的水仍清晰见底，粒子在清水中相对独立，没黏合在一起，且大小均匀；而质量差的多彩涂料，杯中的水会立即变得混浊不清，且颗粒大小呈现分化，少部分的大粒子犹如面疙瘩，大部分的则是绒毛状的细小粒子。

（2）看水溶

艺术涂料在经过一段时间的储存后，其中的花纹粒子会下沉，上面有一层保护胶水溶液。这层保护胶水溶液，一般约占多彩艺术质感涂料总量的1/4。凡质量好的多彩涂，保护胶水溶液呈无色或微黄色，且较清晰；而质量差的多彩艺术涂料，保护胶水溶液为混浊态，明显地呈现与花纹彩粒同样的颜色，其主要问题不是多彩涂料的稳定性差，就是储存期已过，不宜再使用。

(3) 看漂浮物

凡质量好的多彩艺术涂料，在保护胶水溶液的表面，通常是没有漂浮物的（有极少的彩粒漂浮物，属于正常）；但若漂浮物数量多，彩粒布满保护胶水涂液的表面，甚至有一定厚度，就不属正常了，表明这种多彩艺术涂料的质量差。

表 10-4 为艺术涂料与壁纸的差别。

表 10-4　艺术涂料与壁纸的差别

差别项目	艺术涂料	壁纸
施工工艺	涂刷在墙上的，像腻子一样，完全与墙面融合在一起，其效果会更自然，贴合使用寿命更长	贴在墙上的，它是经过加工后的产物
装饰效果	色彩任意调配，并且图案任意选择与设计，属于无缝连接，不会起皮，不开裂，能保持十年不变色，光线下产生不同折光效果，使墙面产生立体感，也易于清理	只有固定色彩和图案的选择，属于有缝连接，会起皮、开裂，时间一长会发黄、褪色
装饰部位	内外墙通用，比壁纸运用范围广	仅限室内较为干燥的区域，厨房、卫生间、地下室等不适合使用
个性性	可按照个人的思想自行设计表达	不能添加个人的主观思想元素
难易程度	其工艺较难，流传度不高	施工比艺术涂料简单、快捷

5. 艺术涂料的清洁及保养

(1) 清洁

艺术涂料具备防水、防尘、防燃等功能。艺术涂料墙面的清洁可以用软性毛刷清理灰尘再以拧干的湿抹布擦拭。优质艺术涂料可以洗刷、耐摩擦、色彩历久弥新。

(2) 保养

艺术涂料墙面摩擦少，主要是灰尘、水珠等溅垢。清洁保养方法是擦去表面浮灰，定期用喷雾蜡水清洁保养，既有清洁功效，又会在表层形成透明保护膜，更方便日常清洁。同时，应避免锐器损坏。

(三) 硅藻泥

硅藻泥（见图 10-15）是以有机胶凝物质为主要黏结材料的硅藻材料为主要功能性填料而配制的干粉状内墙装饰涂覆材料，具有消除甲醛、净化空气、调节湿度、释放负氧离子、防火阻燃、墙面自洁、杀菌除臭等功能。

图 10-15　硅藻泥

常见的硅藻泥品种如表 10-5 所示。

表 10-5　常见硅藻泥品种

类型	特点	吸湿量
稻草泥	颗粒较大，其中添加了稻草，非常具有自然气息	吸湿量较高，约为 81 g/m^2
防水泥	中等颗粒，可搭配防水剂使用，能用于室外墙面装饰	吸湿量中等，约为 75 g/m^2
膏状泥	颗粒较小	吸湿量较低，约为 72 g/m^2
原色泥	颗粒最大，具有原始风	吸湿量较高，约为 81 g/m^2
金粉泥	颗粒较大，其中添加了金粉，效果比较奢华	吸湿量较高，约为 81 g/m^2

1. 硅藻泥的特点

（1）原料天然，健康环保

硅藻泥的主要原材料是硅藻土，硅藻泥采取生活在数百万年前的水生浮游类生物硅藻沉积而成的天然物质，主要成分为蛋白石，富含多种有益矿物质，质地轻软，电子显微镜显示其粒子表面具有无数微小的孔穴，孔隙率达 90% 以上。

硅藻泥健康环保，装饰性好，功能性强，是替代壁纸和乳胶漆的颜料调色新一代室内装饰材料。硅藻泥具有泥的属性，遇水吸收，遇火不燃，便于修补，纯天然健康环保，丰富的肌理图案和色彩适合各类室内装修项目使用，不易沾染灰尘。

（2）净化空气、消除异味

硅藻泥具备独特的“分子筛”结构，具有极强的物理吸附性和离子交换功能，可有效去除空气中的游离甲醛、苯胺等有害物质，净化室内空气。在接触到空气中的水分后会产生“瀑布效应”从而不断地释放出对人体有益的负氧离子。

（3）防火阻燃、调节湿气

硅藻泥是由无机材料组成，因此不燃烧，即使发生火灾，也不会冒出任何对人体有害的烟雾。当温度上升至 1 300 ℃时，硅藻泥只是出现熔融状态，不会产生有害气体等烟雾。随着不同季节及早晚环境空气温度的变化，硅藻泥可以吸收或释放水分，自动调节室内空气湿度，使之达到相对平衡，尤其是沿海城市和南方空气较湿润的城市，调节室内空气湿度作用明显。

（4）吸音、保温隔热

硅藻泥自身的分子为多孔结构，具有很强的降噪功能，可以有效地吸收对人体有害的高频音段，并衰减低频噪声，其功效相当于同等厚度的水泥砂浆和石板的 2 倍以上，同时能够缩短 50% 的余响时间，大幅度地减少了噪音对人身的危害。硅藻泥的主要成分硅藻土的热传导率很低，本身是理想的保温隔热材料，具有非常好的保温隔热性能，其隔热效果是同等厚度水泥砂浆的 6 倍。

（5）液状涂料可自制

硅藻泥分液状涂料和浆状涂料两种，液状的涂料与一般的水性漆相同，可以自制。浆状的硅藻泥有黏性，适合做不同的造型，施工的难度较高，需要专业人员操作。

2. 硅藻泥墙面的维护

硅藻泥不可用湿布擦拭，当有灰尘黏性的时候用刷子或者扫把轻轻地扫除即可，若局部有脏污，用橡皮擦以轻轻叩击的方式清理即可。

四、外墙涂料

外墙涂料具有较高的强度，突出的耐洗刷性、耐玷污性、耐老化性和良好的保色性。

（一）合成树脂乳液外墙涂料

合成树脂乳液外墙涂料又称外墙乳胶漆，是以水为溶剂，不燃、安全无毒，对环境无污染。常见的外墙乳胶漆的乳液主要以苯丙乳液、纯丙乳液、硅丙乳液和水性氟碳树脂等为基料，加入颜料、填料、助剂等配制而成的水性涂料。同一类乳液配方中的用量和其他原辅料、助剂配比不同可以组成多种性能不同的配方，可适用于各种应用要求的场合。苯丙乳液涂料分为无光、半光、有光 3 类，是目前质量较好的外墙乳液涂料之一。

（二）合成树脂乳液砂壁外墙涂料

合成树脂乳液砂壁外墙涂料又称彩砂涂料，因涂膜饰面具有像砂壁状的外观，所以又称仿石型涂料、真石型涂料。它是以合成树脂乳液为基料，与粒径、颜色均不同的彩砂或石粉及其他助剂配制而成的粗面厚质涂料，简称砂壁状涂料，多用于外墙面装饰，可以模仿花岗石等石材。一般采用喷涂法施工，涂层具有丰富色彩和质感，保色性、耐水性、防火性、耐火性、耐候性好，施工方便，修补容易等优点。但是合成树脂乳液砂壁状涂料适用于多种基层材料，对基层的平整度要求较高，一般需要对基层进行封闭处理。

（三）溶剂型外墙涂料

溶剂型外墙涂料是以有机溶剂为分散介质而制成的涂料。品种主要有溶剂型丙烯酸酯外墙涂料、溶剂型聚氨酯－丙烯酸酯外墙涂料、溶剂型硅丙外墙涂料、溶剂型氟碳外墙涂料。

溶剂型外墙涂料通常采用喷涂施工，对墙面渗透、润湿性效果好，故能增加被涂物的强度，形成的涂层耐洗性、耐水防水性好，且具一定弹性抗伸缩疲劳性。它具有优良的黏结性、耐候性、耐水性、防水性、耐酸碱性、耐高温和耐洗刷性。溶剂型外墙涂料的颜色丰富，涂膜光泽好，光洁度高，呈瓷质感，耐污，属于高档的外墙涂料。施工方便，可低温施工。溶剂型外墙涂料以有机溶剂作为稀释剂，施工时注意防火、防爆、通风，施工人员要加强劳动保护。

（四）复层外墙涂料

复层外墙涂料又称凹凸花纹涂料、立体花纹涂料、浮雕涂料等，一般由底（基层封闭涂料）、中（主层涂料）、面（罩面涂料）3 部分组成。底层为抗碱底漆，与基层有牢固的附着力；中涂层有防裂增强纤维的作用，故形成平状或凹凸的装饰面，所以复层外墙涂料有优良的抗裂性、耐久性及防火性，并形成富于变幻的瓷砖装饰面，使外墙增添立体美感；面涂层主要是装饰面着色、赋予光泽，提高耐候性、耐玷污性和防水性。

复合外墙涂料按基料的不同可分为聚合物水泥系、硅酸盐系、合成树脂乳液系、反应固化型合成树脂乳液系 4 类。

（五）无机外墙涂料

无机外墙建筑涂料是以碱金属硅酸盐及硅溶胶为基料，加入颜料、填料、助剂等配制而成的，用于建筑外墙装饰的涂料，如图 10-16 所示。

图 10-16　无机外墙涂料

外墙无机建筑涂料按基料的不同，可分为碱金属硅酸盐涂料和硅溶胶涂料。碱金属硅酸盐涂料是以硅酸钾、硅酸钠、硅酸锂或其混合物作为基料，并以颜料、填料、助剂等配制而成的，其耐水性、耐碱性、耐冻融循环性和耐久性均得到提高；硅溶胶涂料是在硅溶胶中加入有机合成树脂乳液及颜料、填料、助剂等配制而成的，既有无机涂料的硬度和快干性的优点，又有一定的柔性及较好的耐洗刷性。

（六）外墙弹性建筑涂料

外墙弹性建筑涂料是以一种具有弹性的合成树脂乳液为基料，加入颜料、填料、助剂等配制而成的，施涂一定厚度后有覆盖因基材伸缩运动产生细小裂纹的弹性的功能涂料。弹性涂料有较好的色彩光亮柔和、防霉、抗藻、耐候性佳有抗紫外线性辐等优异功能，施工方便，耐候性、防水性能佳，但是在耐污性能一般。

五、地面涂料

地面涂料又称地坪涂料，用以保护和装饰地面，增强地面使用功能的涂料。地面使用要求不同，对涂性能要求也不一样。

（一）乙烯类地面涂料

乙烯地面涂料俗称为“777 地面涂料”，主要用聚乙烯醇缩甲醛溶液（107 胶）或聚醋酸乙烯乳液，以乙烯 - 醋酸乙烯乳液等作黏结剂，将它们掺入水泥中，提高水泥地面强度、柔韧性，并有装饰效果。价格低廉，施工方便，20 世纪 80 年代广为流行，主要用于有一定洁净要求的地面，如居室、办公室、厂房、仓库等。

（二）环氧树脂地面涂料

环氧树脂地面涂料（见图 10-17）是以环氧树脂为基料的双组分溶剂型涂料。环氧树脂与固化剂进行交联，成为网状结构的大分子漆膜。具有特别良好的耐水、耐腐蚀、耐酸碱等特性，涂膜丰满坚韧、平整光滑、耐磨性好，与水泥混凝土等基层材料的黏结力强，伸展性、耐冲击性优良，坚硬、耐磨，色彩多样，装饰性好。

图 10-17　环氧树脂地面涂料

环氧树脂地面涂料主要用于水泥砂浆、水泥混凝土地面，也可用于木质地板，适用于药厂、食品厂、办公室、医院等，通过改变施工方法和材料用量不同形成性能各异满足不同场合的需要，但价格高，原材料有毒。

（三）聚氨酯地面涂料

聚氨酯地面涂料（见图 10-18）是以聚氨酯为基料的双组分溶剂型涂料。它的主要品种有聚醚型聚氨酯类、环氧聚氨酯类、丙烯酸聚氨酯类。聚氨酯地面涂料具有优异耐磨性漆膜，具有弹性、坚韧性、整体性好、色彩多样、装饰性好的特点，并具有优良的耐油性、耐水性、耐酸碱性和耐磨性，此外还有一定的弹性，脚感舒适。

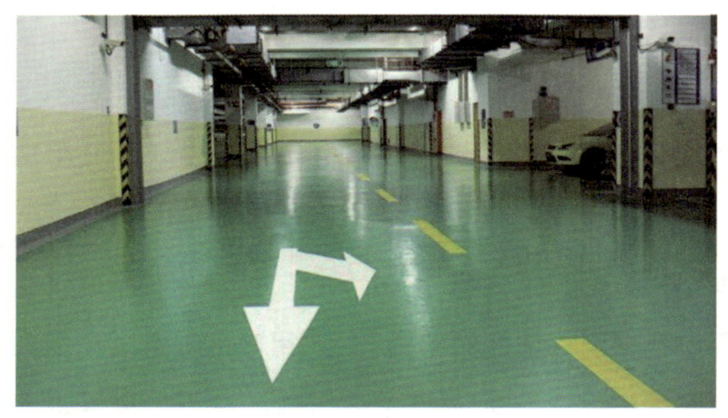

图 10-18　聚氨酯地面涂料

聚氨酯地面涂料一般用于高级净化车间、地下室、手术室、会议室、放映厅、卫生间、室内地坪、教室走廊、儿童游乐场、体育场馆等的弹性防滑地面，主要用于水泥砂浆、水泥混凝土地面，也可用于木质地板。聚氨酯地面涂料价格高且原材料有毒。

六、特种涂料

特种涂料是既强调某一独特的功能性，如防水、防火、防霉、防腐、防震、杀虫、隔热、隔声等功能，又要求具有装饰性，如色泽、肌理等。

特种涂料应具备以下特点：

① 具有较好的耐碱性、耐水性及与水泥基层的黏结性能，或与木质良好的结合力（防火涂料）；

② 具有一定的装饰功能；

③ 具有某一独特的功能，如防水、防火、防霉、杀虫、隔声等；

④ 施工方便，翻修重涂容易；

⑤ 要求材料资源丰富，价格适中。

（一）防锈涂料

防锈涂料是防止金属生锈和增加涂层的附着力，其种类多，性能各异。

（二）防火涂料

防火涂料又称阻燃涂料，将它涂刷在某些易燃材料的表面，能提高易燃材料的耐火能力。防火涂料除具备其他涂料所具备的一些性能外，还具有不燃性、难燃性和阻止燃烧或对燃烧的拓展有延滞作用。

1. 按防火形式分类

防火涂料按防火形式可分为膨胀型防火涂料和非膨胀型防火涂料两种类型。

（1）膨胀型防火涂料

膨胀型防火涂料属发泡型防火涂料，遇火时涂层膨胀发泡，其发泡厚度可达几十倍，可在燃物与火源之间生成一层泡沫隔热层，封闭被保护的基材，阻止基材的燃烧，如A60-1 改性氨基膨胀防火涂料、A60-50 氨基膨胀防火涂料、G60-3 过氯乙烯膨胀型防火涂料。

（2）非膨胀型防火涂料

非膨胀型防火涂料本身是难燃的聚合物，并加入了氮、磷、硼等化合物，遇火时涂层受热分解放出阻燃性气体，阻止火焰蔓延。常用的有氯化醇酸为基料的防火涂料。

常用的丙烯酸乳胶防火涂料有 M0-70，以丙烯酸乳胶为基料，以水为分散介质，加入新型阻燃剂、颜料、助剂研磨调制而成。无毒无臭，不污染环境，用于可燃性基材（如木材）的表面涂装，还具有抗水防潮和表面装饰性能。

2. 按涂覆对应分类

防火涂料按涂覆对象不同可分为钢结构防火涂料和饰面型防火涂料。

(1) 钢结构防火涂料

钢结构防火涂料是指涂于建筑物及构筑物的钢结构表面，延缓火焰在物体表面的传播速度，推迟结构破坏的以提高钢结构耐火极限的涂料。

钢材是不燃材料，但耐火极限仅为 0.25 h。当建筑物发生火灾时，火场温度大都在 800 ~1 200 ℃。建筑钢材的临界温度一般为 540 ℃左右，未加保护的钢结构在发生火灾时，只需 10 min 温度就会上升到 540 ℃以上，钢结构建筑物的强度会急剧下降，导致整体坍塌毁坏。钢结构建筑物必须采用防火涂料加以保护。

钢结构防火涂料按其涂层的厚度及性能特点分为厚涂型、薄涂型和超薄涂型。

(2) 饰面型防火涂料

饰面型防火涂料主要由合成树脂（或乳液)、聚磷酸胺、三聚氰胺、季戊四醇、钛白粉、助剂和溶剂配制而成，集装饰性和防火性于一体，又称阻燃涂料。饰面型防火涂料涂刷于可燃基材（木材、塑料、纤维板等）表面，遇到明火或高温时，涂层炭化膨胀发泡，阻止火焰蔓延、传播，减少火灾的发生。饰面型防火涂料主要应用于室内外的可燃易燃装饰装修材料表面涂刷。饰面型防火涂料可分为溶剂型和乳液型两类，按其防火等级分为一级、二级。

(三) 防水涂料

所谓建筑防水涂料，是在混凝土材料的基面上（如屋面）涂刷防水涂料后形成均匀无缝的柔性防水涂膜，能防止雨水或地下水渗漏的一类涂料，具有良好的抗拉强度、延伸率、撕裂强度及耐候性，对基层变形的适应能力强。防水材料不仅能够在平屋面上，而且还能够在立面、阴阳角和其他各种复杂表面基层上形成连续不断的整体性防水涂层，主要包括屋面防水涂料及地下建筑防潮、防水涂料。

防水涂料以主要成膜物质分类如下:

1. 沥青基类

沥青基类防水涂料包括水性石棉沥青防水涂料、氯丁胶乳化沥青。水性石棉沥青防水涂料价格便宜，贮存稳定性好，适用于南方自防水屋面。

2. 聚氨酯类

聚氨酯类防水涂料分为聚醚型聚氨酯防水涂料、复合固化型聚氨酯防水涂料、煤焦油聚氨酯防水涂料。

聚氨酯防水涂料都为双组分，甲组分主剂为聚氨酯预聚体，乙组分为固化剂。甲乙组分按比例混合均匀后涂刷于基层的表面，经交联成为整体弹性涂膜，能形成高强度、高延伸率的弹性涂膜，能适应任何复杂形状的基层使用，耐油及耐腐蚀性高，耐高温和耐低温性好，可常温施工，适用于屋面、地下工程、厕浴间防水及外墙和屋面。煤焦油聚氨酯防水涂料作屋面防水时应作覆盖层，否则容易老化。

3. PVC 焦油类

PVC 焦油类防水涂料分为聚氯乙烯（PVC）弹性防水涂料、水性聚氯乙烯焦油防水涂料。

聚氯乙烯弱性防水涂料属热施工，施工后半小时即可形成有效防护水层，延伸率大，低温性好，可作接缝、节点密封用。水性聚氯乙烯焦油防水涂料，可常温施工，可作层面防水，厕浴间地面防水。

4. 水性合成高分子类

水性合成高分子类防水涂料分为硅橡胶防水涂料、丙烯酸酯类防水涂料、乙烯－醋酯乙烯（VAE）、彩色弹性防水涂料。

水性合成高分子类防水涂料，对环境无污染，高弹性，高延伸率，适用于屋面防水，也可作游泳池、槽罐的防水防渗漏。硅橡胶防水涂料主要用于地下防水和厕浴间防水。丙烯酸酯类防水涂料耐高低温性好，不透水性优，无毒，缺点是延伸率较小，适用于外墙防水装饰及各种彩色防水层。

5. 外墙防水剂

外墙防水剂分为 MI500 防水剂、有机硅防水剂（憎水剂）、水性环氧防水剂等。

涂料有极强的渗透性，它可以渗入水泥内部达 1 cm 以上及细小裂缝深处，不仅起防护作用，还有增强基层牢度的功效，适用于外墙渗漏防治，水性环氧防水剂对砂浆配比不良而造成起砂的渗漏墙面特别有效。

6. 呼吸纸

呼吸纸又称防风防水透气膜，是铺装在建筑围护结构保温（隔热）层之外的一层功能膜，适用于幕墙、压型钢板、钢木结构、砌体等复合型外墙和坡屋面，通过对建筑维护结构保温（隔热）层的包裹，减少水和空气对建筑的渗透，同时又令围护结构及室内潮气得以排出，有效避免霉菌和冷凝水在墙体及屋面中的生成，可保证保温（隔热）材料效能的发挥，从而达到节能、提高建筑耐久性的作用。

防水透气膜（呼吸纸）具有隔湿、舒适、阻隔空气、防水等特点。呼吸纸是一种防风防水透气膜，不是最主要的防水层。使用中呼吸纸要避免与建筑中的化学物质接触，尤其是那些增加可湿性的化学物质，如表面活性剂等。

（四）防霉涂料

防霉涂料是由基料、防霉剂、颜料、填料和助剂等配制而成的，是一种对霉菌、细菌和母菌有杀灭或抑制生长的作用，而对人畜无害的功能性建筑涂料。防霉剂所用基料应不含或少含可供霉菌生活和营养基，并具有良好的耐水和耐洗刷性。防霉涂料施工要求基层经过杀菌处理，批嵌腻子要采用防霉腻子。

1. 防霉涂料的类型与主要品种

防霉涂料按成膜物质及分散介质不同，可以分成溶剂型与水乳型两大类；也可以按用途分成外用、内用及特种用途的各种防霉涂料。

性能优良的防霉涂料所选成膜物质的成膜特性应具备：不含或少含可供微生物生长和繁殖的营养基成分；所形成的涂膜应具有良好的耐水、耐洗刷等性能，同时应使用优良的防霉剂或优良防霉剂的复配剂。

一般在使用防霉涂料时，首先应测定环境中霉菌的种类，然后选用对这些霉菌敏感的抑制剂，再选择相应的防霉涂料，这样常能获得较好的防霉效果。常用的防霉涂料有丙烯酸乳胶外用防霉涂料、亚麻子油型外用防霉涂料、醇酸外用防霉涂料、聚醋酸乙烯防霉涂料、氯－偏共聚乳液防霉涂料等。

2. 防霉涂料的性能特点（见表 10-6）

① 优良的防霉性能。在适宜霉菌生长的环境中使用能长时间保持涂膜不霉变。

② 良好的装饰性能。

③ 防霉涂料涂刷成膜以后，对人畜应无害。

表 10-6　内墙防霉涂料的主要性能指标

性能	指标
耐霉菌性（培养法，28 d）	0 级
耐水性（浸水一个月）	无变化
耐碱性（pH = 13 碱水浸一个月）	无变化
耐酸性（pH = 2 酸水浸一个月）	无变化
洗刷性（往复 300 次）	涂膜无破坏
附着力（划格法）	100%
储存稳定性（储存 6 个月）	涂料无沉淀结块

（五）防腐涂料

防腐涂料常用来保护材料的外观质量，增强材料的耐酸损及其他有机物腐蚀的性能。

1. 防腐蚀涂料的类型与主要品种

（1）酚醛防腐涂料

酚醛防腐涂料的抗化学性能好，但涂膜硬而脆。如各色酚醛耐酸涂料（F50-31），耐酸性好，用于涂刷受酸气腐蚀的金属和木质构件。铁黑酚醛防腐材料，附着力、耐水、耐腐蚀性能好。

（2）环氧树脂防腐涂料

环氧树脂防腐涂料的附着力、耐碱、耐溶剂性好。主要用于金属表面防腐涂装。其品种有环氧硝基磁漆（H04-2，与环氧底漆配套使用）、棕环氧沥青磁漆（H04-3，用于没有阳光直照的金属或混凝土表面涂装）、铁红环氧磁漆（H04-13）等。

2. 防腐蚀涂料的性能特点

① 具有一般建筑涂料的装饰性能。

② 对于腐蚀介质应具有良好的稳定性，涂膜长期与腐蚀介质接触应不会溶解、溶胀、破坏、分解及发生不良的化学反应。

③ 涂层应具有良好的抗渗性，能阻挡有害介质或有害气体的侵入。

④ 与建筑物基层应具有良好的粘结性。

⑤ 涂层应具有较好的机械强度，不会开裂及脱落。

⑥ 外用防腐涂料还应具有良好的耐候性能。

⑦ 原材料资源丰富，价格便宜。

（六）抗静电涂料

抗静电涂料又称防静电涂料，是由成膜物质、导电材料、抗静电剂及各种助剂、颜料、填料等成分配制而成。抗静电涂料有水性抗静电涂料和氨酯等溶剂型抗静电涂料。使用抗静电涂料能有效解决墙面、地面、桌面及其他表面的防静电问题。抗静电涂料主要应用于计算机房、电子元器件生产厂房、电视演播厅及各种需要防静电设施的墙面、地面和台面等。

第十一章　塑料及复合材料

塑料是三大高分子材料之一，以天然树脂或人造合成树脂为主要成分，并加入填料、增塑剂、润滑剂、固化剂、稳定剂等添加剂，经一定温度和压力塑制成型的各类规格的高分子有机化合物材料，且在常温、常压下能保持其形状不变。但是塑料的耐热性和刚性比较低，长期暴露于大气中会出现老化现象。

在室内设计中，塑料的用途非常广泛，如塑料壁纸、塑料地毯、塑料墙板、塑料门窗、塑料家具、塑料管材与管件，以及楼梯栏杆扶手包覆等。

第一节　塑料的特性与分类

一、塑料的组成与特性

塑料属于有机材料，种类繁多，其性能各具特点，但其性能主要取决于高分子化合物的组成、分子量、分子结构、物理状态、成型工艺等，如表 11-1 所示。

表 11-1　塑料的组成成分

组成	作用
合成树脂	合成树脂是塑料中的主要成分，起黏结作用，它将塑料中的其他成分黏结成整体
填充剂	填充剂又称填料，是塑料中的另一重要组成成分，能改变或增强塑料的性能

续表

组成	作用
着色剂	着色剂的作用是使塑料显现出所需要的颜色
增塑剂	增塑剂的作用是提高塑料的弹性、可塑性、延伸率和黏性，增加柔性和抗震性，降低塑料的低温脆性
稳定剂	稳定剂是为了保证塑料制品的质量稳定，延长其使用寿命
固化剂	固化剂的又称为硬化剂，塑料成型前加入固化剂，才能成为坚硬的塑料制品
润滑剂	润滑剂的作用是在塑料加工时容易脱模和保证塑料制品表面光洁
其他添加剂	塑料中掺入各种添加剂可生产出具有特殊性能的塑料。如在塑料中掺入特殊的发泡剂，可以生产出泡沫塑料；在组分中掺入一定数量的赤铁粉，可以制成磁性塑料；掺入银、铜等金属微粒，可以生产出导电塑料

不同配方的塑料性能不同，但总体而言塑料制品装饰实用性好。

① 色彩绚丽持久，表面平滑富有光泽，还可用印花、压花技术制作精美的装饰图案。

② 塑料的质量轻，作为建筑装饰材料，不仅可减轻建筑物的自重，还可以减轻操作者的劳动强度。

③ 塑料制品具有优良的加工性能，可锯、钉、钻、刨、焊、粘，安装施工快捷方便，且生产效率高，尤其可加工截面形状比较复杂的异型材和各种复杂的模制品，且热塑性塑料还可以弯曲重塑。

④ 隔声性能、抗腐蚀性能、化学稳定性好。非发泡型的塑料制品清洗便利、油漆方便。塑料属于节能材料，在生产的耗能和使用过程的效果方面都比一般传统的材料好。

⑤ 塑料的耐热性能较差。塑料是可燃材料，在燃烧时会产生大量的烟雾，并释放出有毒的气体，因此塑料材料不可在建筑装饰容易导致火焰蔓延的部位使用。

⑥ 塑料制品同其他无机材料相比存在抗老化性能差的问题。

⑦ 塑料的热膨胀系数大，在施工和使用塑料制品时要注意因其热应力的积累导致材料破坏。

二、塑料的分类

由于塑料的化学组成、分子结构、使用功能、外观形态和耐热等级的不同，其分类方式也不一样。

1. 按化学组成分类

按化学组成可分为聚乙烯、聚丙烯、聚氯乙烯、聚苯乙烯。

2. 按分子结构分类

按分子结构可分为结晶性塑料，如聚乙烯、聚丁烯 -1 等；非晶态塑料，如聚氯乙烯、聚苯乙烯、ABS塑料、聚碳酸酯、聚丙烯等。

3. 按外观形态分类

按外观形态可分为块材（地砖）、卷曲材（地毯）、板材（扣板）、方材（线管）、管材（线管、水管）及异型材（门、窗型材）。

4. 按断面形态分类

按断面形态可分为开放式型材、拼合式型材、闭合式中空型材、镶嵌式型材、实心型材等。

5. 按机械强度分类

按机械强度可分为硬塑料（玻璃态）、半硬塑料和软塑料（高弹态），以及黏流态塑料（黏合剂、涂料）。

6. 按使用功能分类

按使用功能可分为塑料地毯、塑料墙板、塑料墙纸、塑料天花板、塑料线管、塑料水管和塑料门窗、隔断材料等。

表11-2为常用工程塑料的名称与缩写代号。

表11-2　常用工程塑料的名称与缩写代号

化学名称	常用名称	代号
聚乙烯	聚乙烯	PE
聚丙烯	聚丙烯	PP
聚氯乙烯	聚氯乙烯	PVC
聚苯乙烯	聚苯乙烯	PS
聚丁烯-1	聚丁烯-1	PB
丙烯腈-丁二烯-苯乙烯共聚物	ABS塑料	ABS
聚碳酸酯	聚碳酸酯	PC
聚酰胺	尼龙	PA
聚甲基丙烯酸甲酯	有机玻璃	PMMA
酚醛塑料	酚醛塑料	PF
环氧树脂	环氧树脂	EP
共聚聚酯	共聚聚酯	PETG
增强塑料	增强塑料	RP
高密度聚乙烯	高密度聚乙烯	HDPE

三、塑料的基本性能

（一）密度

塑料的密度一般为830～2 200 kg/m^3，密度在1 000～1 500 kg/m^{3}范围的塑料品种较多，只有钢铁的1/8～1/4，铝的1/2，混凝土的1/3，与木材相近。有些塑料的密度比水还小，如聚丙烯的密度为900 ~910 kg/m³，聚甲基戊烯的密度为830 kg/m³。

（二）耐腐蚀性能

大部分塑料对酸碱等化学药品有良好的抗腐蚀性能。

（三）比抗拉强度

比抗拉强度是按单位质量计算的强度。塑料的密度比金属小得多，但比抗拉强度比一般金属高，如表11-3所示。

表11-3　塑料与金属的密度和比抗拉强度

材料名称	密度/（kg/m³）	比抗拉强度（抗拉强度/密度）
铜	7 190	502
铝	2 730	232
铸铁	7 870	134
尼龙66	1 100	640
聚苯乙烯	1 050	394

（四）击穿强度

单位厚度介质发生击穿时的电压称为击穿强度。塑料的击穿强度较高。

（五）弯曲强度

弯曲强度是使材料弯曲断裂的应力。聚酰胺塑料弯曲强度可达210 MPa，玻璃纤维布层压塑料可达350 MPa。

（六）耐磨性

塑料的摩擦系数小，因此它的耐磨性强，聚四氟乙烯、尼龙等具有较强的耐磨性。

（七）导热性

塑料制品的传导能力较金属或石材小，即热传导、电传导的能力较小，其导热能力为金属的1/600 ~1/500，混凝土的1/40，砖的1/20，是理想的绝热材料。

（八）膨胀系数

塑料的线膨胀系数较大，一般为金属的3 ~10倍。

（九）缺点

1. 易老化

塑料产生老化是因其在热、空气、阳光及使用环境介质中的酸、碱、盐等作用下，分子结构产生递变，增塑剂等组分被挥发，化合键产生断裂，使机械性能变化，以至发生硬脆、破坏等现象。

2. 耐热性差

塑料一般都具有受热变形的问题，甚至产生分解，因此在使用中要注意它的限制温度。

3. 易燃

塑料不仅可燃，而且燃烧时挥发出的烟气往往有毒、有味，对人体有害，所以在生产过程中一般都掺入一定量的阻燃剂。

4. 刚度小

塑料是一种黏弹性材料、弹性模量低，只有钢材的1/20 ~1/10，且在荷载长期作用下会产生蠕变，所以用作承重结构时应慎重。

第二节　常用塑料型材的种类、性能与用途

一、平面板材

（一）聚氯乙烯（PVC）板

聚氯乙烯是由乙炔气与氯化氢和聚乙烯单体再聚合而成。聚乙烯制品的耐燃性较好，并具有自熄性，不溶于一般有机溶剂。硬质 PVC 制品的抗老化性能较好、机械性能好，但抗冲击性能较差。

1. 硬质聚氯乙烯装饰板（PVC 板）

硬质 PVC 板表面光滑、色泽鲜艳、防水耐腐、化学稳定性好、介电性良好、强度较高、耐用、抗老化、熔接黏合、加工成型性好，易于施工。常见的硬质 PVC 板主要分成以下几类。

（1）PVC 波形板

PVC 波形板（见图 11-1）是具有立体图案的方形或矩形的塑料板，主要用于层面板或护墙板。

图 11-1　PVC 波形板

（2）PVC 异形板

PVC 异形板（见图 11-2）是具有异形断面的长条形板材，主要用于建筑外墙护墙板。

图 11-2　PVC 异形板

（3）PVC 格子板

PVC 格子板（见图 11-3）是具有立体图案的方形或矩形的塑料板材，主要用来装饰建筑平顶和外墙。

图 11-3　PVC 格子板

(4) PVC 夹层墙板

PVC 夹层墙板有中间夹层，一般为泡沫塑料或无机矿棉隔热材料，主要用作墙板，具备砖质墙体所应有的基本性能。

(5) PVC 平板

PVC 平板指表面平整的板材，用途较广。

2. 软质聚氯乙烯装饰板（PPVC 板）

软质 PVC 板适用于建筑物内外墙吊顶、家具的装饰和铺设。

（二）塑料贴面板

塑料贴面板简称防火板（见图 11-4），是由印有各种色彩图案的特殊纸（钛粉纸、牛皮纸），浸以不同类型的热固性树脂溶液经热压而成。

图 11-4　塑料贴面板

塑料贴面装饰板是一种用于贴面的硬质薄板，具有表面硬度高、耐磨、耐高温、耐撞击、耐寒、质地牢固、耐溶剂性、耐腐蚀、耐污染、耐水性、耐药品性、耐焰性、机械强度高、易清洁和抗静电等特点。板面表面毛孔细小不易被污染，光滑洁净，印有颜色艳丽的各种花纹图案、色调丰富多彩。绝缘性、耐电弧性良好，不易老化。防火板有高光和亚光之分，用白胶、立时得等胶黏剂贴于各种人造木质板材表面能获得较好装饰效果；其使用寿命长，是一种比较理想的防火装饰贴面材料，是中、高档饰面材料。

（三）ABS 塑料板

ABS 塑料板是苯乙烯（S）、丁二烯（B）、丙烯腈（A）的共聚物，具有高强、质轻、表面硬度大、光洁平滑、质地美、易清洁、尺寸稳定、抗蠕变性好等特点。ABS 板通过现代技术的改进，增强了耐温、耐寒、耐候和阻燃的性能。ABS 塑料板用于壁面、顶面、隔断和家具等。

（四）有机玻璃（PMMA）板

有机玻璃板（见图 11-5）又称聚甲基丙烯酸甲酯，简称有机玻璃。它是具有极好透光度的热塑性塑料。有机玻璃的透光率较好，可透过 92% 以上的太阳光，还能通过 73.5% 的紫外线；机械强度高，比无机玻璃高 7 ~8 倍；耐热性、耐寒性及耐气候性较好，耐腐蚀及绝缘性能良好，在一般条件下尺寸稳定，并易于成型加工。缺点是耐热性不高，表面硬度低，易擦伤、划伤，易溶于有机溶剂。

图 11-5　有机玻璃板

有机玻璃板可用于室内高级装饰材料，门窗玻璃指示灯罩及装饰灯罩，隔板、隔断吸顶灯具，采光罩，淋浴房、亚克力浴缸等。

常见品种有无色透明有机玻璃板、有色有机玻璃板、珠光有机玻璃板。无色透明有机玻璃透明度好，使用安全，常用于各种顶棚、门窗玻璃、展示柜面罩、楼梯栏板、隔断和照明器外罩等。其规格有：1 000 mm×1 300 mm，1 220 mm×2 440 mm，厚度 1 ~20 mm；有色有机玻璃用于字牌、门牌、灯箱、标志及各种立体造型，是一种具有良好视觉效果的表现材料。

（五）PE 钙塑泡沫天棚

钙塑泡沫天棚是在聚乙烯等树脂中加入无机填料制成的塑料，分为一般板和难燃板两种。它的表面有各种凹凸图案或穿孔图案，具有体积密度小、重量轻、保温、吸声、隔热、耐虫、耐水、变形小、外表美观、立体感强、施工方便等特点，其缺点是耐久性及耐老化性稍差，阻燃性差。

（六）聚苯乙烯泡沫塑料吸声板

聚苯乙烯泡沫塑料吸声板是由可发性聚苯乙烯泡沫塑料加工而成，具有轻质、隔热、保温、隔声、吸音等优点，适用于室内顶面或墙面。其规格有 300 mm×300 mm×15 mm，500 mm×500 mm×（15～20）mm，600 mm×600 mm×15 mm。

（七）共聚聚酯板（PETG）

共聚聚酯板（见图 11-6）是以 PETG 树脂为基材生产的实心板材，分为普通型和共挤抗紫外线型两类。

图 11-6　共聚聚酯板

共聚聚酯板透明度高，韧性强，是普通有机玻璃的 15～20 倍，比抗冲改性的有机玻璃坚韧 2～5 倍，具有耐化学性、耐候性，表面含有紫外线吸收剂保护层，用以保护板材免受紫外线的有害影响。

共聚聚酯板易于加工成型，加工性能优于通用有机玻璃和抗冲改性有机玻璃，如可运用锯切、模切、钻孔、冲孔、剪切、铆接、铣削及冷弯等加工方法进行加工。它作为玻璃的替代材料用于门窗、隔断和楼梯栏板，以及各类展示牌、招牌、分隔板、内墙板等。

（八）聚碳酸酯（PC）板

聚碳酸酯板（见图11-7）又称玻璃卡普隆板，有中空板（蜂窝板）、实心板和波纹板三大系列，是一种新型的高强度、隔热、透光材料。聚碳酸酯按外观颜色可分为无色透明和彩色透明板。

图11-7　聚碳酸酯板

聚碳酸酯（PC）板性能优良，防紫外线，抗老化，耐候性好，长期使用仍保持良好的光学特性和机械性能；抗冲击、韧性好，耐冲击强度是有机玻璃的10 ~27 倍，是普通玻璃的100 倍，其质量是同厚度玻璃质量的1/12；隔热性能好，高科技保护涂层加上特殊的中空结构，能有效地降低和调节室内温度；中空结构和聚碳酸酯树脂具有良好的隔音特性，从而能有效地降低噪声，隔声性比玻璃提高 3 ~4 倍；具有阻燃性，属难燃 B1 级；透光率可达25% ~88% ，颜色的不同透光率也不一样；质轻，安全方便，与专用铝合金型材或金属构架结合固定，安全性能好。其规格有平板厚度为 36 mm，波纹板厚度为 0.8 ~1.2 mm，中空板尺寸: 5 800 mm × 2 100 mm × 4 mm，5 800 mm × 2 100 m，58 000 mm × 2 100 m × 8 mm，500 m × 2 100 m × 10 mm 颜色有无色透明、蓝色、绿色、茶色、乳白色等。它主要用于办公楼、商场娱乐中心、车站、停车站、飞机场、工厂及大型公共设施的采光材料。

（九）塑料格栅式吊顶

塑料格栅式吊顶（见图11-8）多为装配式的构件，组合装配好后可作为敞开式吊顶。塑料格栅板在空间呈规则排列，给人以工整规则、整齐划一的工艺概念和机械韵律感，具现代感。它的优点有强度高、结构轻、便于吊装、外形美观、经久耐用、表面光泽美观、通风、采光、散热、防暴、防滑性能好、防积污物。塑料格栅有透明塑料、半透明塑料、单色（彩色）电镀、仿铝合金等不同的塑料制品，以强化其装饰性。

图 11-8　塑料格栅式吊顶

（十）塑铝复合板

塑铝复合板（见图 11-9）采用优质工业纯薄铝作底面板，中间基材为高聚塑料 PVC（聚氯乙烯）和 PE（聚乙烯）经特殊工艺复合而成。塑铝板又分单面和双面板，铝板表面覆有聚偏二氟乙烯抗紫外线、耐老化的涂层，未使用前表面贴有薄塑料保护层。

图 11-9　塑铝复合板

塑铝板是一种理想的轻质高档材料，板面平整度高，既有金属材料优异的硬度和强度，又有高聚塑料的韧性。它性能优异，如抵御水、气、光侵蚀能力强，长期使用不变形、不变色、不剥离，历久常新；隔音、隔热、耐撞击和防火性强；易于清洗保养；施工安全方便，可用强力胶粘贴，亦可钉、铆、螺丝紧固或嵌入安装。

塑铝板表面金属色和金属质感具有时代感，亮丽含蓄，朴素雅致。塑铝板的表面还可以仿天然大理石、花岗石纹理，或通过表面颜料处理后，生产各种彩色铝板，以增加效果。板面光亮度分为亮面、半亚光面、亚光面（雾面）。

（十一）波音装饰软片

图 11-10　波音装饰软片

波音装饰软片（见图 11-10）是用云母、珍珠粉及 PVC 为主要原料，经特殊精制加工而成的装饰材料。它色泽艳丽、色彩丰富、经久耐用、不褪色、弯曲性能好、耐冲击性好、耐湿性好、抗酸碱，耐腐蚀性能好，耐污染性好，有良好的阻燃性能。波音装饰软片适用于各种壁材、石膏板、人造板、金属板等基材上的粘贴装饰。

（十二）玻璃钢（GRP）板

玻璃钢是玻璃纤维增强塑料的俗称，又称 GRP，是以玻璃纤维及其制品（玻璃布、带、毡、纱等）作为增强材料，经树脂浸润黏合、固化而成的一种复合材料。

玻璃钢装饰制品具有良好的透光性和装饰性，可制成色彩艳丽的透光或不透光构件或饰件，其透光性与 PVC 接近，但具有散射光性能，故作屋面采光时，光线柔和均匀；其强度高（可超过普通碳素钢）、质量轻（ρ =1.4 ~2.2 g/m^3，仅为钢的 1/5 ~1/4，铝的 1/3 左右），是典型的轻质高强材料；其成型工艺简单灵活，可制作造型复杂的构件；具有良好的耐化学腐蚀性和电绝缘性；耐湿、防潮，可用于有耐潮湿要求的建筑物的某些部位。

玻璃钢材料可缠绕、手糊、模压成型，可制成平面、浮雕式的具有个性化的装饰板，也可以经过翻模大量生产。玻璃钢材料质轻，强度高，刚度较大，耐腐蚀性强。经过着色工艺处理可制成仿铜、仿玉、仿石、仿木等装饰品。玻璃钢制成的浮雕立体感强，美观大方，制品表面光滑明亮，质感逼真。常用的玻璃钢装饰板材有波型板、格子板、折板等。

（十三）千思板

千思板（见图 11-11）属环保绿色建材，是一种把酚醛树脂浸渗于牛皮纸或者木纤维里，在高温高压中进行硬化的热固性酚醛树脂板。由于其结构均匀、致密、坚固，表面的色调、式样、纹路的表现力相当丰富，故可用作于具有相应强度要求和外观要求的室外、室内建材。其特点是抗冲击性极高，耐水，耐湿，耐药，耐热，耐磨，而且其耐气候性也很优异，稳定性和耐用性可与硬木相媲美；抗紫外线，阻燃，耐化学腐蚀性强，装饰效果好，加工安装容易，使用寿命长，符合环保要求。

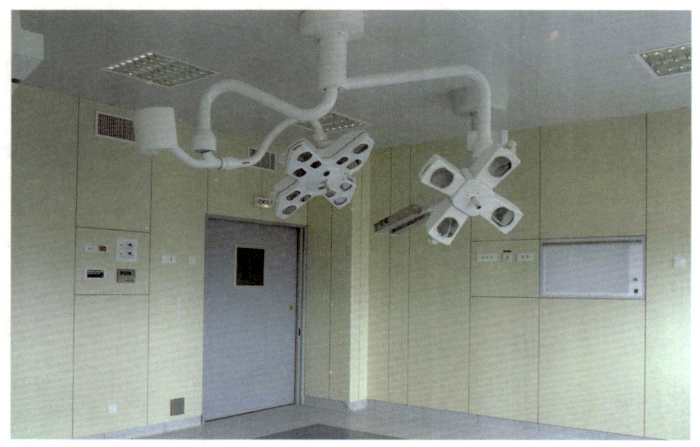

图11-11　千思板

千思板分为内装修用千思板和外装修用千思板。

内用型表面粘贴的三聚氰胺树脂装饰板层，有石英表面和水晶亚光表面 2 种，具有耐划、抗冲击、防潮、耐磨、易清洗等特性，特别适用于人行通道、电梯厅、电话间等，以及家具桌面、橱柜面板、接待柜台、洗漱间洗脸盆面板、隔断及其他湿度较大处。

外用型适于大楼外墙、广告牌、阳台栏板等室外装修。

（十四）聚苯乙烯泡沫塑料夹芯板

聚苯乙烯泡沫塑料夹芯板是指上下两层为 0.6 mm 厚的彩色钢板，芯材为有一定刚度的闭孔阻燃的聚苯乙烯泡沫塑料夹芯板，经特制的粘合剂粘合压制而成的具有承载力的结构板材，也称为“三明治”板。该板材具有重量轻、机械强度高、保温、耐腐蚀、耐水蒸气渗透及耐候性等特点，适用于大跨度厅馆的屋面，工业厂房，大、中、小型装配式冷库，楼房加层，无菌净化车间，电磁屏蔽室及活动房屋等。

二、异型材

（一）塑钢门窗与间隔型材

塑钢门窗与间隔型材是以改性硬质聚氯乙烯（简称 PVC）为原料，经挤出机挤出而成，其断面为多种类型的中空结构。塑料门窗分有全塑门窗和复合塑料门窗。复合塑料门窗为了增加塑料门窗的刚性，通常在塑料型材的内腔中增加钢材（或加强筋）形成塑钢门窗。

塑钢门窗型材具有强度佳、耐冲击、耐候、耐腐、隔热、节能、隔音、阻燃、热膨胀性好、尺寸稳定、绝缘、材质表面细密光滑、清洗方便、易于维护等许多优良特点，其外观色彩以白色为主，并且系列化、规格化、标准化，应用非常广泛，其性能指标见表 11-4。

表 11-4　塑钢门窗的性能指标

项目	性能指标
环境温差/℃	-40 ~ 70
耐风压/（kg/m^2）	100 ~ 350
节能	30%左右（与铝、钢窗比）
隔音性/dB	30
使用寿命/年	50

塑钢门按其结构可分为三大类：镶板门、框板门、折叠门。

1. 塑钢间隔

塑钢间隔由框架、障板、增强型材、钢筋等组成。障板可用护墙板或 5 mm 厚玻璃。塑钢间隔可反复装拆，主要用于宾馆、酒楼、商场、游泳场等淋浴间、卫生间、更衣室和电话间，以及分格数可增可减的办公区活动卡座、快餐厅卡座。

2. 塑钢窗

塑钢窗是由窗框、窗扇、压条、钢筋、玻璃和防腐五金件等组成。

塑钢窗的分类如下：

按结构分为单框单层玻璃窗、单框双层玻璃窗、双框双层玻璃窗、双框三层玻璃窗等。

按开启方式分为固定窗、平开窗（侧开、上开相下开）、推拉窗（平推和直推）、翻转窗（水平和垂直翻）、滑开窗（水平与垂直滑）、复合窗等。

3. 塑钢门窗辅助材料

（1）塑钢门窗钢衬

PVC 塑料型材的力学性能远比钢、铝、木材差，其弯曲强度是木材的 1/4、铝材的 1/25、钢材的 1/84。为了满足 PVC 塑料门窗的力学性能要求，增强门窗抵抗风的压力、雨雪侵袭及承受自身重力的能力，在 PVC 塑料型材的内腔配以型钢加强筋，即所谓钢衬。

钢衬的规格尺寸有多种，需要与 PVC 塑料型材的形状和大小相符合。

（2）填塞料及其作用

填塞料有闭孔泡沫塑料、发泡聚苯乙烯、矿棉砖和玻璃棉毡、沥青麻丝和水泥砂浆、聚氨酯发泡填缝材料。填充料具有防渗漏、保温、隔声、防腐等作用。

（二）管材

1. 塑料管材

（1）塑料管材的分类

塑料管材按材质分为聚氯乙烯（PVC）管、聚乙烯（PE）管、聚丙烯（PP）管、ABS管、氯聚氯乙烯（PVC－C）管、聚丁烯（PB）管等。

按可挠性分为硬质塑料管和可挠性管（如波纹管）。

按用途可分为建筑给排水管，电气、电讯护套管。

按结构分为均质管和复合管，复合管可以是不同的塑料复合或塑料与金属的复合。

按外部形态分为圆管、波纹管和线槽。

（2）常用塑料管材的性能与用途

① 硬质聚氯乙烯（PVC－U）管

聚氯乙烯管道是以聚氯乙烯树脂为主要原料，具有内壁光滑、阻力小、管内不结垢、无毒、无污染、耐腐蚀、抗老化性、耐潮湿、阻燃绝缘、抗拉、抗压和耐磨强度较好等特点，但其柔韧性不如其他塑料管，不耐酯、酮类和含氯芳香族液体的腐蚀。聚氯乙烯管中所含铅、镉必须在国家规定的指标以下，树脂中的氯乙烯残留单体必须得到排除，否则，不能作为饮水管。该管材广泛用于电气、电讯等护套管，非饮用水的给水管道，排水管道，雨水管道。

② 氯化聚氯乙烯（PVC－C）管

PVC管（见图11-12）的含氯量大于等于66%时形成氯化聚氯乙烯，既保持聚氯乙烯管所拥有的全部特性，还具有耐热性较高、管材膨胀系数小、阻燃性优良、机械强度较高等优点，但是使用的胶水有毒性。因其耐热性好，主要应用于热水管。

图11-12　氯化聚氯乙烯（PVC－C）管

③ 芯层发泡硬聚乙烯管

芯层发泡硬聚乙烯管（见图11-13）与实壁管相比可降低噪声。管道不宜扩口，不宜采用橡胶密封圈连接形式，而采用实壁管件承插黏结连接。该管材主要应用于室内排水管。

图11-13　芯层发泡硬聚乙烯管

④ 聚丙烯（PP－R）管材

聚丙烯（PP－R）管（见图11-14）又称为冷热水用聚丙烯管，学名“无规共聚聚丙烯管”，具有无毒、卫生、耐腐蚀、不结垢、管道内壁光洁、阻力小、导热系数小、保温绝热性能好等特点。因施工时采用热熔方法将管道融为一体，故牢固可靠而不渗漏。其缺点为韧性、抗红外线性能比较差。PP－R管的材质轻、施工快、价格适中，目前广泛地应用于饮用水管及冷、热水管。

图11-14　聚丙烯（PP－R）管

⑤ 铝塑复合管

铝塑复合管（见图11-15）简称铝塑管，是目前广泛应用的饮用水管。根据材料的耐热性能不同分为冷水管和热水管。它具有安全无毒、耐腐蚀、不结垢、流量大、阻力小、不易老化、膨胀系数小的优点。铝塑管各种接头、弯头均有配套构件，故在造价上比 PP－R 管材贵。

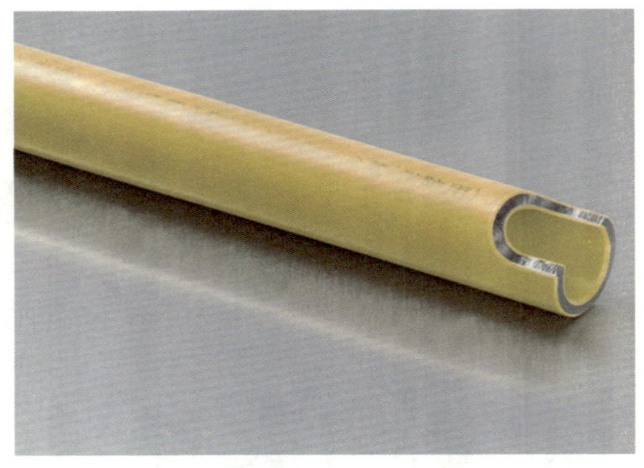

图 11-15 铝塑复合管

⑥ 塑复铜管

塑复铜管的内层均为 99.9% 的无缝紫铜管，外层套齿形高密度聚乙烯保温层或套复发泡高密度聚乙烯保温层，是高档场合使用的饮用水管和工业用水管，主要用于饮用水及冷、热水的输送。其特点为无毒、抗菌卫生、不腐蚀、不结垢、水质好、流量大、强度高、刚性好、使用寿命长、不需维修、耐热抗冻性好、抗老化。塑复铜管保温性能比铜管好。管线间连接可采用铜焊（即刚性连接）或卡套（或柔性连接）安全牢固，不易渗漏，但造价较高。

⑦ 塑复不锈钢管

塑复不锈钢管（见图 11-16）与塑复铜管的性能差不多，经不锈钢管内衬增强PP－R 管。其管材管件连接为 PP－R 热熔方法，具有较高的强度和韧性，牢固而不渗漏，其使用寿命长，适用于饮用水及冷水输送，也是种高档给水管材。

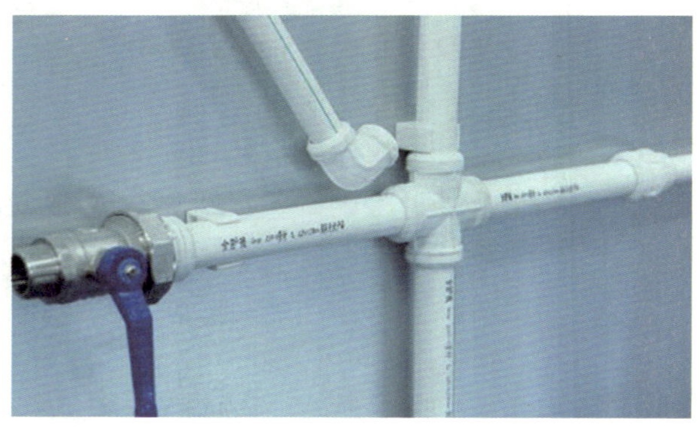

图 11-16 塑复不锈钢管

⑧ 丁烯管（PB）

丁烯管（见图11-17）具有较高的强度和韧性、无毒、耐高温，特别适合作为薄壁小口径受压管道，连接牢固，但易燃、原料进口价格高。该管材适用于饮用水冷、热水输送，主要应用于地板辐射采暖系统的盘管。

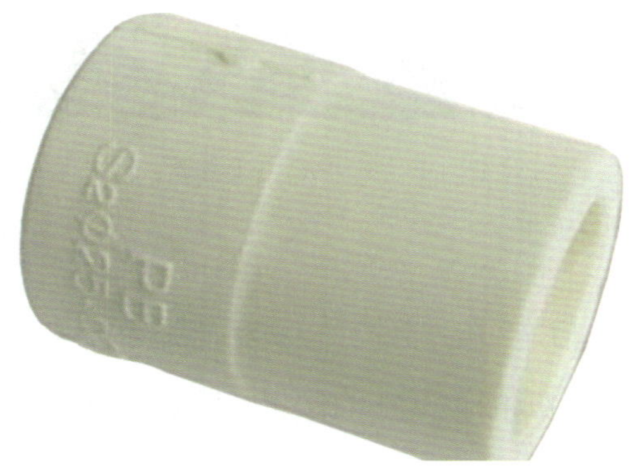

图11-17　丁烯管（PB）

⑨ 交联聚乙烯（PEX）管

交联聚乙烯管（见图11-18）无毒、卫生、可输送冷热水、饮用水及其他液体，主要应用于地板辐射采暖系统的盘管。

图11-18　交联聚乙烯（PEX）管

⑩ ABS 管

ABS 管具有优良的韧性、坚固性，并具有质量轻、耐腐蚀等性能，能长期保持较高的流水率，比铜、铸铁和钢制管好，特殊标号的 ABS 管还具有很高的耐热性能。ABS 管是卫生洁具系统的下水、排污的理想材料。

⑪ PVC 电工套管

PVC 电工套管（见图11-19）及其配件具有阻燃性能、离火自熄性能。PVC 管与附件的连接，常采用插入法或套接法，并用胶粘剂粘结。

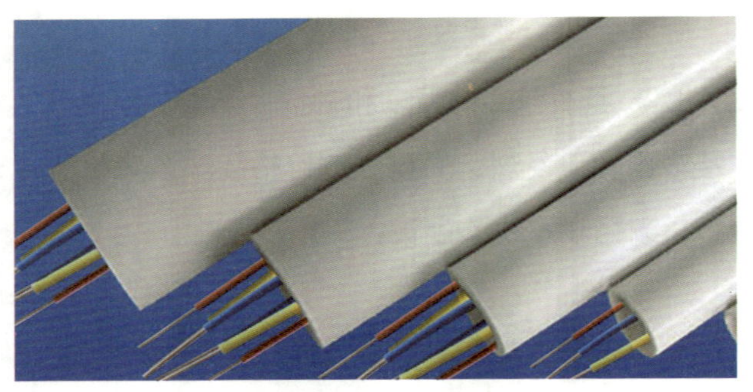

图11-19 PVC电工套管

2. 塑料管件

塑料管件是管道与管道相连接的部件。在塑料管道系统中，常使用硬质PVC塑料管件，它是通过注塑成型工艺制成的。管件的使用，既便于施工安装和拆除维修，又不影响暴露管道的室内效果。

3. 塑料仿木装饰线条

塑料仿木装饰线条主要是PVC钙塑线条。它的优点是质轻、防霉、防蛀、防腐、阻燃、安装方便、美观、经济等。塑料线条可制成不同的仿木纹线条、仿金属线条，可作踢脚、收口线、压边线、墙腰线、柱间线等墙面装饰用。它与木质装饰线条相似，塑料装饰线条可以制成的花色品种繁多，图案造型千姿百态。这种塑料线条也可作为窗帘盒或电线盒。

三、地面装饰塑料

（一）塑料地板

塑料地板具有质轻、耐磨、防滑、耐腐、自熄、花色品种多等特性，发泡塑料地板还有优良的弹性、脚感舒适、耐水、易于清洁、造价低、施工方便、更换方便等特点。

按塑料地板使用的树脂可分为聚氯乙烯树脂塑料地板、氯醋共聚树脂塑料地板、聚丙烯树脂塑料地板、氯化聚乙烯树脂塑料地板。

按塑料地板外形可分为块状地板、卷状地板。

按塑料地板装饰效果可分为单色地板、透底花纹地板等。

按塑料地板装饰功能可分为有弹性地板、抗静电地板、导电地板、体育场地板等。常用的塑料地板包括以下几种：

1. 聚氯乙烯塑料地板（PVC塑料地板）

聚氯乙烯塑料地板有硬质PVC塑料地板、软质PVC塑料卷材、印花发泡PVC塑料地板、覆膜彩印塑料卷材地板等，具有质轻、尺寸稳定、施工方便、易于清洁、成本低、经久耐用、脚感舒适、阻燃、耐磨、耐腐、隔声、隔热、色彩艳丽美观、自熄等特点。

2. 氯化聚乙烯卷材地板（CPE）

氯化聚乙烯卷材地板是一种以糊状聚氯乙烯树脂为面层，矿物纸和玻璃纤维毡作基材的具有橡胶的弹性的塑料地板，具有优良耐候性、耐臭氧性、耐老化性、耐油性、耐化学药品性、耐磨性、耐污染性，弹性伸长率优于聚氯乙烯地板，足感好，装饰性强等特点。

3. 彩色弹性橡胶地砖

彩色弹性橡胶地砖（见图11-20）是由彩色面层和黑色底层组成。彩色面层由细胶粉（粒）或细胶丝经过特殊工艺粘结着色；底层以黑色胶粒或胶丝为砖材主体结构。其特点是质地柔软富有弹性、防滑、减震、安全防护性能好、质地厚实、抗压能力强、耐磨性好、耐温性好、耐老化性能良好、抗污能力强、渗水性好、清洗方便、表面不积水、防火性能好、能自熄、色彩丰富、施工方便，不需粘结可直接铺设，可在室外长期使用。

图11-20 彩色弹性橡胶地砖

（二）石塑防滑地板

石塑防滑地板（见图11-21）是采用85%的天然大理石粉和10多种高分子材料加

工而成。原料所具有的天然肌理与现代科学的加工工艺使其具有许多优良的特性。

图 11-21　石塑防滑地板

① 脚感柔软，防滑，遇水增加涩度。

② 防水防潮、易于保养。通常采用湿墩布擦拭脏污。

③ 外柔内刚、耐磨性强。

④ 防火、防静电、耐酸碱、抗刮擦。

⑤ 表面有仿大理石、花岗石和木纹等系列。

⑥ 铺设简便，将地板胶均匀涂抹在平整的地面上，待胶将干未干时铺贴，并用橡皮锤轻击，与地面贴实。

⑦ 无毒无害，为新型的“绿色环保”材料。

四、软性材质

（一）软膜结构

软膜结构（见图 11-22）又称为索膜结构、张拉膜、张力膜亦或是空间膜。软膜结构是用高强度柔性薄膜材料与支撑体系相结合形成具有定刚度的稳定曲面，能承受一定载荷的建筑纺织品。它的寿命因不同的表面涂层而异。张拉膜结构广泛运用于体育场馆及露天剧场等

图 11-22　软膜结构

大型设施。它是一种建筑与结构完美结合的结构，可以突破常规建筑结构的限制，使建筑设计更为艺术化和个性化，实现艺术与建筑的完美结合，同时更增加了建筑自身的价值。

膜结构面料主要可分为 3 类，分别为薄膜、网状膜和半透明膜。膜结构在阳光的照射下，由膜覆盖的建筑物内部充满自然漫射光，无强反差的着光面与阴影的区分，室内的空间视觉环境开阔和谐；夜晚，建筑物内的灯光透过屋盖的膜照亮夜空，建筑物的体型显现出梦幻般的效果。其造型自由、轻巧、柔美，充满力量感，优点为透光、具雕塑感、阻燃、制作简易、安装快捷、节能、外形独特、体现自然美感、可移动性和使用安全，因而它在世界各地得到广泛应用。

（二）节能塑料薄膜

窗用节能塑料薄膜又称遮光膜或滤光薄膜、热反射薄膜。它是以塑料薄膜为基材，喷镀金属后再和另外一张透明的染色胶料薄膜压制而成。节能薄膜的幅宽一般为 1 000 mm 左右。一般采用压敏胶粘贴，使用时只需将垫纸撕去即可粘贴。

（三）合成革

合成革（见图11-23）亦称为人造革，多由聚氯乙烯制成。高档人造革表现出的艺术美学性能优于真皮；塑料人造革耐水性好，不会因吸水而变硬，其色彩、光洁度、耐磨性及抗拉强度均优于真皮。但塑料人造革的柔韧性、折叠性疲劳、耐光性、热老化性及低温冷脆性不如真皮。塑料人造革作为装饰材料使用时常被用作沙发面料、墙面软包、隔声门的软包面料。使用人造革或真皮作为家具类装饰用材料，可给人以富有、和平、宁静、轻柔、温暖的感觉和印象，且整洁方便、实惠耐用。

图11-23　合成革

第十二章 织物及软质材料

在最初的室内设计中利用屏风、帷帐、帘幕等活动分隔改变空间层次。现代技术的不断发展，软性材质的品种越来越丰富，性能也不断得到改善和提高，如耐磨性、安全性、环保性及防腐、防潮等性能。其表现的范围和作用不断扩大，广泛应用于墙面软包、沙发、地面地毯、门窗帘、床上用品、壁挂及室内的各种装饰物，以达到吸声、隔音、遮光、保暖、节能等实用性的功能作用。

第一节 纤维的基本知识

纺织物是由纺成的具有一定的长度和细度比的纤维纱或线，通过织机按一定的规律交织而成。其性能特点是由纺织纤维的性能和生产加工方式决定的。

纺织物在室内设计中具有吸声、隔音、保温、遮光、吸湿和透气等作用，使室内空间环境具有柔和、亲切和温暖之感。它广泛应用于门窗帘、地面地毯、壁面和家具软包，床上用品、装饰壁挂等。

一、纺织纤维的种类

纤维是指具有一定的长度和细度比（长度是直径的几千倍），并且具有一定的柔韧性、弹性和抗拉伸能力的纤细物质。

纺织纤维是用来纺纱织布的纤维。它具有一定的长度、细度、弹性、强力等良好的物理性能和较好的化学稳定性。常用纺织纤维分为天然纤维和化学纤维两大类。异形纤维是在这两种纤维的基础上发展起来的，其性能更加优良。

（一）天然纤维

天然纤维来自于植物或动物，是已具有纤维形状的有机物，如植物纤维：棉、麻、树纤维等；动物纤维：羊毛、骆驼毛、马海毛及蚕丝纤维等。

天然纤维织线为棉状的短纤维，不同种类的天然纤维，其物理性能和化学性能也不相同。例如，具有一定的抗拉伸能力，等级较高的棉纤维弹性较好，遇酸碱和遇热在一定的限度内不发生作用。麻纤维在常温和湿度下，吸湿性和导热性比棉纤维强，强度也要高。毛纤维弹性好，可塑性强，缩绒性和保暖性优于棉纤维，但强力、耐热性、耐碱性、耐光性、耐磨性差；丝纤维吸湿性较强，凉爽、细软、轻薄，但耐碱不耐酸，耐光性、耐热性、透水性等比其他纤维差。

随着科学技术的发展，天然的纺织纤维性能不断得到改善和提高，而且，现代室内设计对材料的环保要求较高，使天然纤维织物更广泛地得到利用。

（二）化学纤维

化学纤维（见图12-1）是利用天然的高分子物质或合成的高分子物质，经过化学工艺加工而取得的纺织纤维总称。最常见的化学纤维有以石油为原料的聚酯纤维、尼龙和以纸为原料制成的人造纤维等。化学纤维织线，以名为“长纤”的细长纤维为主。

图12-1　化学纤维

1. 人造纤维

人造纤维（见图12-2）是化学纤维中生产历史最早的品种。它是利用含有纤维素或蛋白质的天然高分子物质，如木材、稻草、麦秆、竹子、蔗渣、芦苇、大豆、乳酪等为原料，经化学和机械加工而成。人造纤维有粘胶纤维（如人造丝、人造毛、人造棉）、醋酯纤维、铜氨纤维等。粘胶纤维手感柔软，光泽好，吸湿性、透气性良好，染色性能好，但强度、弹性、耐磨性等较差。铜氨纤维如真丝手感柔软，光泽柔和。醋酯纤维弹性和手感好，光泽优美柔和，并具有一定的抗皱能力，但弹力较其他纤维差。

图 12-2 人造纤维

2. 合成纤维

合成纤维是采用石油化工工业和炼焦工业中的副产品，如苯、苯酚、乙烯、乙炔等原料，经过化学有机合成的加工方法制成的各种纤维。其品种有六大纶，即涤纶、锦纶、腈纶、维纶、丙轮、氯纶。

（1）聚酯纤维（涤纶）

涤纶（见图 12-3）耐磨性能好，是棉花的 2 倍，羊毛的 3 倍，在湿润状态下的耐磨性与干燥状态相同。它耐热、耐晒、不发霉、不怕虫蛀，但涤纶染色较困难。清洁制品时，使用清洁剂要小心，以免颜色退浅。

图 12-3 聚酯纤维（涤纶）

(2) 聚酰胺纤维（锦纶）

锦纶（见图12-4）旧称尼龙，在所有纤维中，它的耐磨性最好，是羊毛的20倍，是粘胶纤维的50倍；不怕虫蛀，不怕腐蚀，不发霉，吸湿性能低，易于清洗；但弹性差，易吸尘，易变形，遇火易局部熔融，在干热环境下易产生静电，与80%的羊毛混合后其性能可获得较为明显的改善。

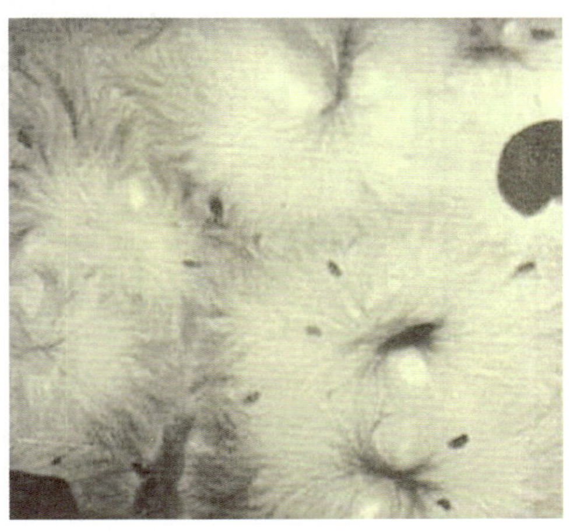

图12-4 聚酰胺纤维（锦纶）

(3) 聚丙烯纤维（丙纶）

丙纶（见图12-5）具有强力高、质地轻、弹性好、不霉不蛀、易于清洗、耐磨性好等优点，且原料来源丰富，生产过程也较其他合成纤维简单，生产成本较低。

图12-5 聚丙烯纤维（丙纶）

(4) 聚丙烯腈纤维（腈纶）

腈纶（见图12-6）蓬松卷曲，柔软保暖，弹性好，在低伸长范围内弹性回复能力接近羊毛，强度相当于羊毛的2~3倍，且不受湿度影响。腈纶不霉、不蛀，耐酸碱腐蚀。

其最突出的特点为非常耐晒，如果把各种纤维放在室外曝晒 1 年，腈纶的强力只降低 20%，棉花则降低 90%，其他纤维（如蚕丝、羊毛、锦纶、粘胶）强力完全丧失。腈纶的耐磨性在合成纤维中较差。

图 12-6　聚丙烯腈纤维（腈纶）

（三）异形纤维

异形纤维是从纤维截面形态的生产和加工方式而言的。初始生产出的合成纤维，横截面的形状都是圆形实心的，在受天然纤维不规则、中间有空腔的截面形态的启发下而研制出各种横截面的纤维，如三角形、三叶形、四叶形、多叶形、多边形、扁平形、中空形、豆形、H 形、T 形、V 形等。

异形纤维不仅改善和提高了化纤织物的耐磨性、保暖性、吸湿性、透气性等物理性能，而且因为纤维截面具有多种形态，使纺织纤维织物的表面呈现出不同的质感和光泽效果，从而使纺织物在室内设计中具有更加丰富的、艺术的表现力。

（四）玻璃纤维

玻璃纤维是由熔融玻璃制成的一种纤维材料，直径数微米至数十微米。玻璃纤维性脆、易折断、不耐磨，但抗拉强度高、伸长率小、吸湿性小、不燃、耐高温、耐腐蚀、吸声性能好，可纺织加工成各种布料、带料等，或织成印花墙布。

二、纺织纤维的性能

① 具有一定的机械性能，能承受一定限度的拉力、扭弯、摩擦等外力的作用。

② 具有一定的细度和长度及抱合力。纤维愈细，面料愈薄，质地细洁，手感柔软；纤维愈长，面料愈光洁平整，耐磨性强；纤维短而粗，面料质地粗犷，手感硬挺。

③ 具有一定的弹性和可塑性。纤维的弹性作用不仅使织物具有柔软舒适感，而且在一定的程度上抵抗形变、增强耐磨性，在拉伸后能回弹，不影响外观效果。

④ 必须是热的不良导体，具有一定的隔热性能。

⑤ 具有一定的吸湿性和通透性。纤维的吸湿性就是纤维在空气中吸收水分或放出水分的能力。吸湿性的强弱与纤维分子中含亲水性结构的多少和纤维分子间排列空隙的大小有关，因而纺织物在室内设计的表现中具有调节湿度的作用。由于纤维有许多气孔，因而用于壁面、家具或窗帘的纺织物具有舒畅透气和凉爽感。

⑥ 具有一定的化学稳定性，包括高温稳定性、抵抗化学物质和有机溶剂的能力。

三、织线的单位

织线的粗细单位，短纤用“支”表示，长纤用“丹尼”表示。支的数值越大，表示织线越细。棉和麻线用“支/线的根数”表示，毛线则相反，用“线的根数/支”表示。

四、织线的粗细与特性

织线的支数越小，表示越粗越结实。相反，支的数值越大，纱线就越细越轻盈，且有光泽感（见表 12-1）。一般而言，休闲衬衫用 40 ~80 支的棉线织成。织线的支数决定捻数，增加捻数超过标准数时称为“强捻线”，布料产生清凉感；捻数少的弱捻线则呈现出柔软的质感（见表 12-2）。

表 12-1　支数对照

参数	支数小（粗线）	支数大（细线）
结实程度	结实	不很结实
收缩程度	容易收缩	不容易收缩
吸湿性	吸湿性大	吸湿性小
光泽度	光泽度低	光泽度高

表 12-2　捻数的类型

名　称	搓捻次数	质感
非捻线	零 ↓ 多	柔软 ↓ 清凉感
弱捻线		
普通捻线		
强捻线		

五、纤维的鉴别方法

燃烧法是鉴定纤维品种的主要方法，几种主要纤维燃烧时的特性见表 12-3。

表 12-3　用燃烧法鉴别各种纤维的特征

类型	特征
棉	燃烧很快，火焰呈黄色，有烧纸般的气味，灰末细软，呈深灰色
麻	燃烧起来比棉纤维慢，火焰呈黄色，燃烧发出草木灰气味，灰烬呈灰白色
丝	燃烧比较慢，且缩成一团，有烧头发般的气味，烧后呈黑褐色小球，用指一压即碎
羊毛	不燃烧，冒烟而起泡，有烧头发般的气味，灰烬多，烧后成为有光泽的黑色脆块，用指一压即碎
粘胶、富强纤维	燃烧很快，火焰呈黄色，有烧纸般的气味，灰烬极少，细软，呈深灰或浅灰色
锦纶	燃烧时没有火焰，稍有芹菜气味，纤维迅速卷缩，熔融成胶状物，趁热可以把它拉成丝，冷却后成为坚韧的褐色硬球，不易研碎
涤纶	点燃时纤维先收缩，熔融，再燃烧。燃时火焰呈黄白色，很亮，无烟，但不延燃，灰烬成黑色硬块，能被手压碎
腈纶	点燃后能燃烧，但比较慢。火焰旁边的纤维先软化、熔融，然后燃烧，燃烧后成脆性小黑硬球
维纶	燃烧时纤维发生很大收缩，同时发生熔融，但不延燃。开始时，纤维端有一点火苗，待纤维都熔化成胶状物之后，就燃成熊熊火焰，有浓色黑烟，燃烧后剩下黑色小块，可用手指压榨
丙纶	燃烧时可发出黄色火娟，并迅速收缩、熔融，燃烧后呈熔融状胶体，几乎无灰烬，如不待其烧尽，趁热时可拉成丝，冷却后成为不易研碎的硬块

第二节　墙纸（布）

墙纸（布）是以天然纤维或合成纤维为原料，经过各种生产加工方式制成。其性能由所含纤维的性能和生产加工方式决定。

一、墙纸

（一）无纺布壁纸

无纺布壁纸（见图 12-7）的主材是无纺布，无纺布称不织布，是由定向的或随机的纤维而构成。由于采用天然植物纤维无纺工艺制成，拉力更强、更环保、不霉变发黄、透气性好。无纺布壁纸产品源于欧洲，因其采用的是纺织中的无纺工艺，所以也叫无纺布，确切地说应该称作无纺纸。无纺布壁纸是高档壁纸的一种，是新一代环保材料，具有防潮、透气、柔韧、质轻、不助燃、容易分解、无毒无刺激性、色彩丰富、可循环再用等特点。

图 12-7　无纺布壁纸

（二）PVC 壁纸

PVC 壁纸（见图 12-8）是使用 PVC 这种高分子聚合物作为材料，通过印花、压花等工艺生产制造的壁纸。PVC 壁纸有一定的防水性，施工方便。普通型：表面装饰方法通常为印花、压花或印花与压花的组合。发泡型：分为低发泡和高发泡两种。高发泡壁纸表面富有弹性的凹凸花纹，具有一定的吸声效果。功能型：防水壁纸和防火壁纸。

图 12-8　PVC 壁纸

PVC 壁纸按照面层材料可分为以下两类：

1. PVC 涂层壁纸

以纯纸、无纺布、纺布等为基材，在基材表面喷涂 PVC 糊状树脂，再经印花、压花等工序加工而成。

这类壁纸经过发泡处理后可以产生很强的三维立体感，并可制作成各种逼真的纹理效果，如仿木纹、仿布纹、仿瓷砖等有较强的质感和较好的透气性，能够较好地抵御油脂和湿气的侵蚀，可用在厨房和卫生间，适合于几乎所有家居场所。

2. PVC 胶面壁纸

此类壁纸是在纯纸底层（或无纺布、纺布底层）上覆盖聚氯乙烯膜，经复合、压花、印花等工序制成。该类壁纸印花精致、压纹质感佳、防水防潮性好、经久耐用、容易维护保养，可以广泛应用于家居和商业场所。

（三）纯纸壁纸

纯纸壁纸（见图12-9），是一种用纸浆制成的壁纸，是一种环保低碳的家装理想材料，与墙面贴合度高，装饰效果自然、手感光滑触感舒适，颜色生动亮丽，透气性能较强，耐磨损、抗污染、便于清洗，成为家居装饰的新趋势，广泛应用于居室、办公室、会议室、餐厅等墙面、顶面和柱面。

图12-9　纯纸壁纸

纯纸壁纸分为原生木浆纸和再生纸。

1. 原生木浆纸

原生木浆纸，以原生木浆为原材料，经打浆成型，表面印花。相对韧性比较好，表面相对较为光滑。

2. 再生纸

再生纸，以可回收物为原材料，经打浆、过滤、净化处理而成，该类纸的韧性相对比较弱，表面多为发泡或半发泡器。

（四）羊毛纤维墙纸

羊毛纤维墙纸（见图12-10）是由加入羊毛纤维的纸张经机械压花而成。其纹理粗犷，美丽，色泽自然，触感柔软，具有良好的抗拉强度、吸音效果和透气性，无毒、无味，是极好的环保型壁纸。

图 12-10　羊毛纤维墙纸

（五）木纤维壁纸

现代木纤维壁纸（见图 12-11）以优质树种的天然纤维，经过特殊工艺直接加工而成。表面呈哑光状态，色泽柔和，易于搭配；安全，环保，透气性好；抗拉伸、抗扯裂强度高（是普通壁纸的 8 ~10 倍），使用寿命长。

图 12-11　木纤维壁纸

（六）植绒壁纸

植绒壁纸（见图 12-12）是用静电植绒法将合成纤维短绒黏结在纸基上制作而成，其特点是有明显的丝绒质感和手感，绒面带来的图案使表现效果非常独特，质感强，不反光，无异味，不易褪色，具有极佳的消音、防火、耐磨特性，但易于吸附灰尘，不易打理，需注意保养。

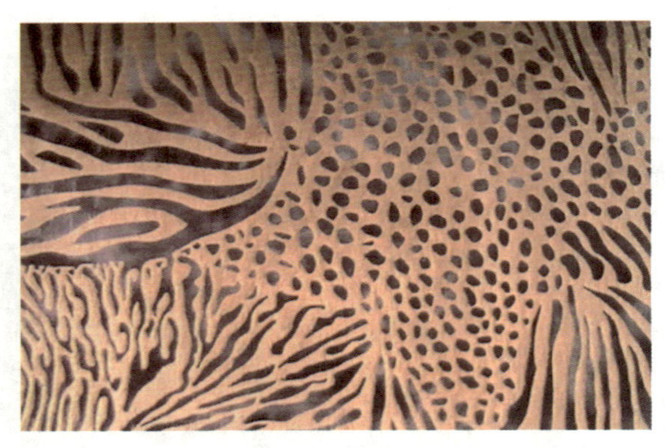

图12-12　植绒壁纸

（七）金属壁纸

金属壁纸是将金、银、铜等金属经特殊处理后，制成薄片贴饰于壁纸表面制成。这种壁纸具有金属光泽的冷调，有光面的、拉丝的，以及压花的质感，简约中带奢华，闪亮的高贵质感与质朴的纸质混搭，更增添空间墙面的层次感和立体感，适合气氛浓烈的场合，一般用于娱乐场所、酒店等公共场所，家居环境不宜大面积使用。

（八）墙贴

墙贴是已设计和制作好现成图案的不干胶贴纸，可直接贴于墙上、玻璃或瓷砖上。常见墙贴材料有特种耐热纸和纸底胶面墙贴。特种耐热纸是直接在纸面上印花压纹的墙贴，具有哑光、环保、自然舒适、亲切的特点。因为非透明的特征对壁艺贴的设计限制，加上防水性能较差而逐步被透明胶面材料替代。纸底胶面墙贴，底纸为白硅纸，表面为PET、PC等透明材质的壁艺贴，具有哑光、环保、色彩鲜明，图案丰富、耐脏、耐擦洗的特点。

按照设计风格，墙贴分为两种：一种为主题类图案，可根据产品附带的示意图拼凑成设计师推荐的效果；另一种为素材类图案，主要靠施工人员发挥创意搭配出抽象意境。

通常墙贴可粘贴于乳胶漆墙面、瓷砖表面、玻璃表面、木质表面、塑料表面及金属表面。墙贴不适合用在不平整的墙面、壁纸墙面及掉落粉尘的墙面。

二、墙布

（一）天然纺织纤维墙布

1. 锦缎墙布

锦缎墙布（见图12-13）是一种高档壁面丝织物贴面材料，采用丝纤维织物与基层纸贴合而成，质地纤细，精致高雅，花纹图案绚丽多彩，给室内环境创造一种优雅华贵的视觉效果，但造价昂贵，耐用性差，适用于高档星级宾馆、接待室、会议室、办公室、居室等壁面。

图 12-13　锦缎墙布

2. 纯棉质墙布

纯棉质墙布是以棉纤维纺织而成的棉平布与纸基贴合，并经过印花、涂层而成，具有强度大、静电小、吸音、无毒、无味等特点。通过阻燃处理，成为安全与环保型的现代壁面贴面材料，应用于高档宾馆、酒店、办公楼、居室等壁面。

（二）化纤（多纶）墙布

化纤墙布（见图 12-14）是以化纤织物作基材，经过一定的工艺处理后，印上各种花色图案而成，具有耐磨、透气、防潮、无毒、无味、无分层等特点。

图 12-14　化纤（多纶）墙布

在室内设计中，墙纸（布）是表现面积较大的软质材料，广泛应用于宾馆、酒店、办公楼、会议室及家居室内墙面、顶面、柱面和隔断。与传统的墙面涂料相比，有自己的鲜明特性。表 12-4 为墙纸与乳胶涂料的区别。

表 12-4 墙纸与乳胶涂料的区别

特性	墙纸	乳胶涂料
装饰效果，使用功能	装饰效果更好，使用功能更细化。客厅、卧室、书房、餐厅、背景墙，甚至到厨房、卫生间都有各自适用的墙纸	装饰效果比较单调，使用功能没细化
手感	手感更佳。墙纸让人充分体验到软饰环境的温馨氛围和回归自然的感觉，有些墙纸还可呈现非常好浮雕效果	乳胶漆给人视觉和触觉上是冷和硬的感觉
表面新鲜感	保持新鲜感的寿命更长。墙纸基本可以达到 8～10 年	乳胶漆的新鲜表面只能维持 3 年左右
花色	墙纸花样繁多，色彩全面，材质多种多样，立体感强，施工容易，易于清洁	色彩单调，花样绝对比不上墙纸，难于满足各种客户的需求
对墙面要求	对施工墙面的要求没乳胶涂料高。可掩饰基层打磨不平的缺陷	腻子表面一定要打磨的非常平整，否则在光线下会显现凹凸不平的表面
价格	高档墙纸的价格比乳胶涂料稍贵。但选择中高档乳胶涂料的价钱完全可以购买到中意的墙纸	性能较好的中高档乳胶涂料也比较贵

第三节 窗 帘

窗帘在现代的室内设计中有及其重要的地位，可以通过窗帘的选择与运用营造不同的氛围与环境。

一、窗帘的功能

1. 遮光性

遮光是窗帘的基本功能，既可以挡住室外光线，也可以防止室内光线外泄。普通窗帘也可以在背面加上遮光内衬达到同样的效果。另外，窗帘的遮光效果如何，取决于采用怎样的缝制与安装方法。

2. 私密性

采光的同时也能阻挡来自外界的视线，这是对窗帘隐私性的要求。如反光纱帘，其外侧具有特殊的反光效果，使得从室外很难观察室内的情况；或通过调整纤维形状，使光线可穿透，视线却无法通过。

3. 防火性

根据《消防法》规定，非特定人群的聚集场所有义务使用阻燃窗帘。阻燃窗帘分为由难燃材料制成和后加阻燃层两类。窗帘通过《消防法》阻燃性能检测后贴合格标签。

4. 易打理性

可用家庭洗衣机整洗的窗帘，称为“机洗窗帘”。但只有符合洗涤时缩水率低、结实且不易褪色等条件的，才可冠以“可机洗”的名称。一般情况下，普通住宅对机洗窗帘的需求要多于商业设施。

二、布艺窗帘的类型

（一）按悬挂方式分类

窗帘除可用挂钩挂在窗帘滑轨上之外，还有许多不同的吊挂方法。

1. 顶环型窗帘

顶环型窗帘（见图12-15）带金属环，将其直接穿挂在窗帘杆上，给人以平整而简洁的印象。

2. 窗帘耳型窗帘

窗帘耳型窗帘（见图12-16）是用相同布料做成窗帘耳穿过横杆的类型，给人休闲、放松的感觉。

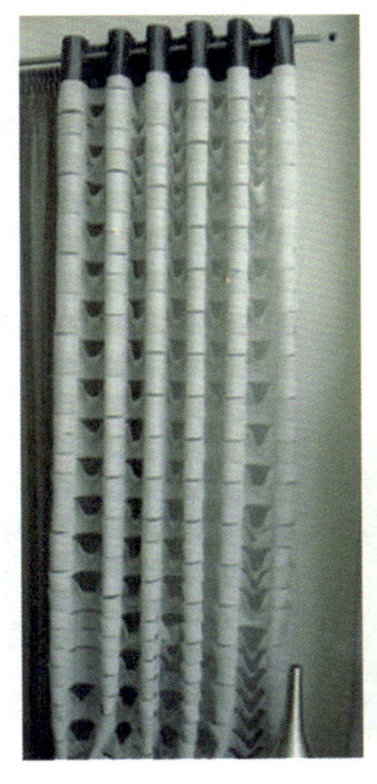

图12-15　顶环型窗帘

图12-16　窗帘耳型窗帘

3. 板状窗帘

板状窗帘呈完全平坦的形状，利落大方，也可用于展现花纹的情形。

4. 卷帘

卷帘（见图12-17）将布料上卷的类型，所能使用的布料有限制，布料多做树脂加工。

图12-17　卷帘

卷帘可以简洁而直接地展现布料的花纹和颜色，收起时体积小的优点深受人们喜爱。从遮光型到半透明型，可供选择的布料丰富多彩。由于重量和构造的关系，一般最大宽度可做到2 m左右。另外受构造方面的限制，卷帘两侧会产生约10 mm的缝隙，两列卷帘横向并列时，中间的缝隙会达到20 mm，因此边角的处理需特别留意。

（二）按窗帘的造型分类

窗帘可以按照实际的窗户形状及需求采取不同的缝制手法或添加附属品，提高装饰美感。其主要目的是展现窗户的装饰美，适用于不经常开闭的窗户。

1. 中央交叉

这种款式是让两片窗帘在吊杆的中央部位稍微交叉后固定，或者将窗帘上部固定在中央，然后分左右布置，适用于竖长形的窗户。

2. 交叉叠置

让两片窗帘在吊杆处彼此重叠交错，并缝合固定。此种款式用薄布料重叠效果好，给人以优雅的感觉。

3. 扇形

扇形窗帘如图12-18所示。不论从室内还是室外看，窗帘的线条都十分美丽。不用打开窗帘也可方便眺望户外的景色，适用于外挑窗或非落地窗。

图 12-18　扇形窗帘

4. 分离型

将窗帘分成几束，用拢绳或缎带束起的窗帘为分离型。可用荷叶边或滚边条修饰边缘，以提升装饰性，适用于外挑窗户和小型窗户。

5. 咖啡帘

咖啡帘（见图 12-19）源自咖啡屋，是用来遮挡视线的帘子。高度为 40 ~60 cm，有的上部有穿窗帘杆的开孔，有的需要用夹子吊挂。

图 12-19　咖啡帘

6. 罗马帘

罗马帘（见图 12-20）通过操作拉绳控制上下开闭，是一种既有织物的体量感，又能发挥出面料特点，款式丰富，装饰性强的窗帘形式。罗马帘有普通罗马帘、直褶罗马帘、气球罗马帘、奥地利帘、慕斯罗马帘。

图12-20　罗马帘

三、百叶帘

百叶帘大多指将铝或木材等材料做成的细带状叶片，平行联结后形成的产品，通过拉绳和操作棒可以对其进行开闭与角度的调节。叶片水平排列，纵向开闭的，称为“横式百叶帘”；纵向吊挂，左右开闭的则称为“垂直百叶帘”。

（一）活动（横式）百叶帘

横式百叶帘（见图12-21）的特点是可以精细调节开启角度。通过拉绳联结叶片，利用操作棒和拉绳调节叶片的闭合角度，达到控制外部视线和阳光的目的。 铝质材料本

图12-21　活动（横式）百叶帘

身质量轻，适用于较大的开窗，无论圆形、半圆形、弧形、斜向甚至部分缺角的窗户皆适用。最近还出现了木制、布制等各种材质的产品，其种类也在不断增多。

（二）垂直（直式）百叶帘

垂直（直式）百叶帘（见图12-22）的每个叶片均垂直独立吊挂，通过改变叶片的角度调节光线，叶片与叶片的下部通过线绳连接在一起。开闭形式有单开和双开之分。自上而下笔直垂落的外观与简洁富于现代感的设计非常协调，打破了以往用于办公室的陈腐印象。垂直（直式）百叶帘宽度可达 4 m，高度可做到与顶棚齐平，可在倾斜窗或弧面玻璃上使用。叶片材质也呈现多样化的倾向，从前经常使用经氯化处理的叶片，现在则被柔软的针织品取代，也可用激光切割技术做出镂空图案，让光线透过的设计也很流行。

图12-22　垂直（直式）百叶帘

四、百褶帘

百褶帘（见图12-23）是一种对一片布料进行百褶加工，通过拉动线绳或链子，折叠成风箱状，能够上下升降的遮光帘。它折叠起来时的厚度小，并兼具横式百叶利索的横线条及布料的柔软感。布料多用聚酯材质的不织布，有各种透明度供选择，其中仿和纸的产品在日式空间里多有应用。百褶帘由于无法像百叶窗一样通过转动叶片调节光量，因此它有时作为蕾丝帘的替代品，在安装百褶帘的一侧再配以波褶窗帘组合使用。另外也有上、下两种布料结合使用的类型，一种用作遮光帘、一种则采用蕾丝布料，用这种方式调节光线和视线。

图 12-23　百褶帘

第四节　地　毯

地毯能够很方便地改变室内地面面貌，并且隔热、保温、隔声、防滑、脚感舒适，已成为现代建筑室内地面的重要装饰材料之一。

一、地毯的织法

地毯的织法有手织、机织、机器刺绣、机器编织、黏合、压缩等。地毯的主要织法分为 3 类——织（手织、机织）、刺绣（机器刺绣）、不织（毛毡）。下面列举其中有代表性的类型加以介绍。

（一）手织

手织地毯也称为“绒毯”，由一根根绒毛线绑扎在芯线上制成，因此绒线密，整体强度高，可以织出几何图形和花朵等美丽图样，是地毯中的高档品，也经常被当作挂毯等装饰品使用。具代表性的种类有波斯绒毯（历史最为悠久，色彩浓重为其特点）、天津绒毯（很厚、斜向切割绒毛面层为其特征）、绒毯（日本产）等。

（二）机织

产业革命之后，地毯生产也从以手织为主转向了机织。机织可分成威尔顿地毯

(Wilton)和阿克斯明斯特地毯（Axminster）两大类。

1. 威尔顿地毯

威尔顿地毯（见图12-24）织法源于18世纪末的英国威尔顿地区，并因此得名，是机织地毯的代表。它能用提花机印上图案，最多可使用5种颜色；可自由改变绒毛的长度，适用于各种织法，具有很高的表现自由度。它使用的绒毛类型有剪毛和毛圈2种。普遍认为威尔顿地毯是地毯的典型，结实牢固也是其特征之一。

图12-24　威尔顿地毯

2. 阿克斯明斯特地毯

阿克斯明斯特地毯如图12-25所示。此织法起源于英国的阿克斯明斯特地区，并因此得名。由于每一条绒毛线都是分开的，因此能够使用比威尔顿更多的彩色线（20~30色），可以展现更多彩的图案。

图12-25　阿克斯明斯特地毯

（三）刺绣类

刺绣类（见图12-26）分为手工刺绣的钩针毯和机器刺绣的簇绒地毯。簇绒起源于20世纪初的美国东部，是用缝针将毛线植在基布上，就能够自由描绘出各种图案，可用比威尔顿快30倍的速度完成编织。

图12-26　刺绣类

（四）毛毡类

毛毡状地毯中，最主要的类型是针刺地毯。这是20世纪60年代在美国兴起的新型地毯，其制作是将毛毡状的布贴在织基布的正反面，通过加压成形。由于没有毛绒，因而缺乏弹性，但室内、室外皆可使用，用途十分广泛。纤维互相缠绕成毛毡状，虽缺乏弹性，但价格较便宜且不易磨损。

二、地毯的质地

地毯的质地由有无绒毛及绒毛的状态决定。最具代表性的是剪毛、毛圈、剪毛和毛圈。

（一）剪毛

绒毛顶端被剪掉的称为“剪毛”。剪毛在地毯的质地中是最普遍的一种。剪毛有以下几种类型：

① 长毛绒（见图12-27）：绒毛被统一剪成5～15 mm的长度，是最普遍的种类，手感柔软。

② 长毛：绒毛长30～50 mm，呈横躺的状态。粗且长的绒毛给人以豪华感，常用作局部地毯。

③ 强捻：经过强捻的绒毛。每一根绒毛都经过强捻，感观粗犷，所以常用作局部地毯。

④ 萨克森：绒毛顶端被剪掉，并有弹性的类型。

⑤ 丝绒：利用特殊加工方法，制造出天鹅绒般的质感。

图 12-27　长绒地毯

（二）毛圈

毛圈（见图 12-28）绒毛呈线圈状，可以通过不同高度的绒毛描绘图案。通常毛圈型的耐久性较佳。毛圈有以下几种类型：

① 齐平毛圈：高度一致。

② 不平毛圈：高度不一、表面凹凸。

③ 高低毛圈型：有高毛圈和低毛圈，表面的凹凸亦可当作图案展现。

图 12-28　毛圈地毯

（三）剪毛和毛圈

剪毛和毛圈的组合类型中，将部分毛圈剪断的类型。它是将剪毛型部分和毛圈型部分进行排列组合，让表面的图案和色调产生变化。该类型分绒毛长度相同和剪毛绒较长两种。

三、地毯的材质

地毯按原材料分为天然材质地毯、化纤地毯、混纺地毯。

（一）天然材质地毯

以动物纤维（如羊毛、兔毛、蚕丝）和植物纤维（如麻、椰丝、灯芯草等）为原料制成的地毯。这类地毯具有绿色环保性质，广受人们的喜欢。

1. 纯棉地毯

一是以棉质边角碎料为原料，经过加工编制而成的纯棉地毯（见图12-29），质地粗放，但非常软柔、舒适，耐磨，价格便宜，是既环保又节约资源的地面材料纯棉地毯适用于室内地面铺设。

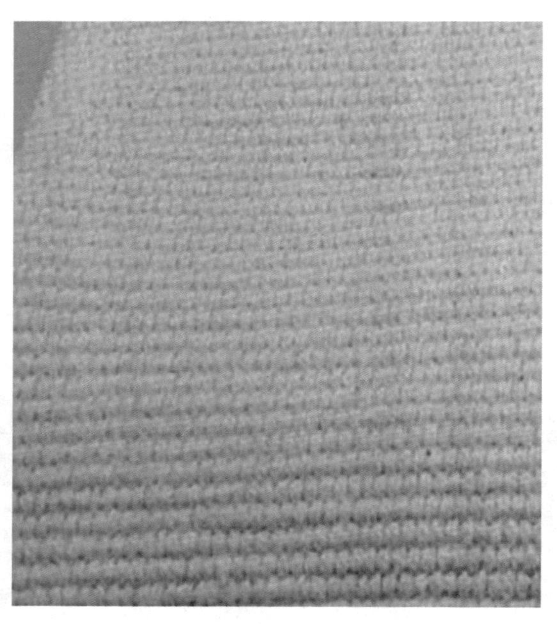

图12-29　纯棉地毯

2. 纯羊毛地毯

天然材质地毯主要以纯羊毛地毯（见图12-30）为主。纯羊毛地毯多以手工编制而成，其质地厚实，柔软舒适，经久耐用，无静电作用，回弹性好，吸音，保暖，经化学处理后可防潮、防蛀、阻燃。羊毛地毯色彩雅致、图案优美，装饰效果极佳，广泛用于高档宾馆、会议室、写字楼及居室等地面。在羊毛纤维中掺入10% ~15% 的化学纤维（如锦纶）后，地毯的性能大大提高。

图 12-30　纯羊毛地毯

羊毛地毯的规格：卷材，长 15 ~20 m，宽 3.3 m，3.66 m（进口），4 m；块材，500 mm×500 mm；艺术挂毯，610 mm×910 mm，2 440 mm×3 550 mm，3 050 mm×4 270 mm 等，或按设计要求进行加工。

羊毛地毯应避免用于踩踏频繁的地面，而适用于高档次的宾馆客房、会议室、贵宾接待室、写字楼和居室地面。

3. 丝毯

丝毯（见图 12-31）是以优质桑绢丝为原料，采用精良的手工织做而成。

图 12-31　丝毯

蚕丝：蚕丝丝支纤细，光洁柔软，富有弹性，耐磨耐拉，能吸潮。蚕丝既能织成轻凉透明的薄纱，也能织成温厚柔软的丝绒地毯。

丝纤维织成的地毯，柔软滑爽，经久耐磨，毯面光泽朋亮，高雅富贵，图案精美华丽，素有“软黄金”之誉。

丝毯价格昂贵，适用于高档次的室内表现。用作艺术挂毯，装点空间界面，体现其观赏的价值；用作地面块毯，虚拟地分隔空间。丝毯规格多为定型块状：1 380 mm×975 mm，2 440 mm×1 690 mm，厚1.5~8 mm，或按设计要求定做。

丝毯绒毛有顺向倾斜，会因为光照方向的不同，绒面色彩的明度和光泽明显地发生变化。顺向光照时，绒面色彩淡雅，光泽明亮；逆向光照时，绒面色彩灰暗，光泽深沉。

4. 椰丝纤维地毯

椰丝纤维地毯是由椰子中纤细多刺的纤维制成，质地粗犷，色泽自然、纯朴，价格低廉，适用于走廊、楼梯和门前脚垫。

5. 灯芯草地毯

灯芯草地毯由灯芯草茎手工编织而成，可用于室内整体铺设，也可用作局部铺毯，适用于居室、茶室或具有风情的餐馆包房。

（二）化纤地毯

化纤地毯是由面层织物和背衬复合构成的。面层织物是以尼龙纤维（锦纶）、聚丙烯纤维（丙纶）、聚丙烯腈纶纤维（腈纶）、聚酯纤维（涤纶）等化学纤维为原料，经过机织法、针织法、簇绒法和印染等加工而成。其构造分卷式和块状，卷式化纤地毯面层为化纤织物，背衬采用人造黄麻与粘胶（乳胶）结合制成；块状化纤地毯背衬采用加工后的块状橡胶。化纤地毯通常都具有易燃和静电大的缺点，但经过特殊的加工处理，如添加阻燃剂后，可以防火阻燃；在所有地毯中均有特别导电性纤维，去除静电传导，达到抗静电作用。

化纤地毯以尼龙和聚丙烯地毯较为常见，而且用途广泛。

化纤地毯由于采用的化纤材料、生产工艺和衬背的不同，其种类和性能也不同。常用化纤地毯的种类、规格和性能见表12-5。

表12-5　常用化纤地毯的种类、规格和性能

名称	构成与工艺	规格	性能	用途
尼龙地毯（锦纶）	尼龙长纤维、天然胶粘结，人造黄麻为背衬复合而成；圈绒、割绒。	每卷长20~25 m，宽3.3，3.66，4 m。毛高4，5，7，9 mm	在合成纤维地毯中最坚韧耐磨，不易掉毛，不易吸收液体，不褪色，易清洗，永久防静电，防尘	室内地面及壁面。尤其适合人流较大的室内场所
丙纶地毯	丙纶长纤维、人造黄长麻、天然粘胶复合而成；圈绒、割绒	每卷长20~25 m，宽3.3，3.66，4 m。毛高4，5，7，9 mm	染色牢，易洗涤，耐磨，耐老化，抗静电，阻燃性好。但回弹性比尼龙地毯差	办公室、会议室、机房等室内地面

续表

名称	构成与工艺	规格	性能	用途
丙纶无纺织针刺地毯	丙纶长纤维织物与聚乙烯胶黏合剂黏合而成；素色、印花	每卷长 10～20 m，宽 1 000 m	耐磨，防水性能好，耐酸碱无形变，阻燃	室内地面
腈纶地毯	腈纶纤维、背衬等复绒圈型簇绒地毯	每卷长 20～25 m，宽 4 m，厚 12～13 mm	面层质地柔软，近似羊毛。但耐磨性稍差，不耐脏，有静电作用	不宜用于踩踏频繁之处和机房地面
涤纶地毯	以涤纶纤维为原料，经机织制成；机织提花	每卷长 20～25 m，宽 4 m，厚 12～13 mm	耐磨性、回弹性、抗静电性、阻燃性不如尼龙、丙纶地毯，是化纤地毯中性能较差的一种。价格低廉	用于普通室内地面铺设

四、地毯的选择

（一）材质

鉴别地毯的材质，可采用直接感官法和抽线燃烧法。

（二）品质

地毯的品质不仅由材质和生产工艺决定，而且与地毯绒头的密度与绒头的粘结力、背衬粘结强度和地毯的耐光色牢度等有着密切的关系。地毯的毛绒越密越厚，单位面积质量投料越多，耐磨性越强，否则组织结构疏松，耐磨性差；绒头粘结力和背衬粘结强力好，地毯毯体和底基布不易脱落；地毯的耐光色牢度好，受阳光照射时，较难褪色或变色。但尽管地毯耐光色牢度好，也要避免长时间受阳光照射；注意地毯的防静电性、有害物质挥发性。

（三）规格

通常国产卷材地毯的幅宽为 3.3 m 和 4 m，进口地毯的幅宽为 3.66 m；拼块地毯的规格为 500 mm×500 mm（带防水地垫）；工艺块毯的规格为 3 000 mm×2 500 mm，2 480 mm×1 700 mm，1 280 mm×480 mm，1 400 mm×980 mm 等。

（四）色彩与图案

地毯色彩的深与浅、冷与暖、单一与丰富会产生不同的表现效果。深色具有庄重、收敛感且耐污，适于大面积或踩踏频繁的地面，如高档会议室、办公室、宾馆走道、餐厅等；浅色具有明快和洁净感，适用于小面积或踩踏频率小的地面，如高档宾馆客房、微机房、居室、卧室等。冷色营造冷静、安详的氛围，适用于阳光充足的室内地面；暖色则显得柔和、温馨，适合于餐厅、卧室等。单一的色彩适用于安静、稳重的办公室、会议室和书房；色彩丰富的地毯则用于热闹的娱乐场所，如歌舞厅、卡拉 OK 厅等。图案明显、对比强烈的地毯常铺在气氛感强且面积大的餐厅和娱乐厅，而图案含蓄、对比弱的地毯，则适合安静且空间小的地面铺设。

第三篇　建筑装饰施工工艺

室内装饰施工是指在原建筑物的基础上，根据设计意图，采用艺术和技术手段对装饰材料进行加工处理，对室内空间进行重新组织、进一步细化和完善而进行的再创造过程。

室内装饰施工是建筑艺术的延伸与加强，是对建筑物进行美化，在建筑艺术的基础上进行再创作的过程。通过装饰施工的处理，建筑风格更加突出、更富有特性，可以强化空间环境的艺术效果，使实用性和艺术性得到完美结合，从而提高建筑物的艺术观赏性。

合理、正确的施工对建筑起到保护和加强作用，延长建筑的寿命，能提高和改善建筑构件的性能，提高其保温、隔音、防潮性能，还可以通过许多施工技术与艺术手法创造出不同的个性化的环境气氛和意境，使环境更加舒适美观，更好地满足人们使用和审美的需求。

第十三章　水电工程

第一节　水路工程

PPR 管的安装施工如下：

1. 准备施工

安装过程中要按照图纸严格进行，领会设计者的意图，准备好施工工具，查看管道是否合理。

2. 弹线定位

根据图纸定位的设计要求，线槽平直，美观大方，不能不定位就随意开槽定位。深度大于管道直径 8 ~10 mm，确定给水走向和冷热管给水位置。

3. 开凿槽沟

开槽要平整规范，不得有尖角突出物影响管道安装（见图 13-1）。

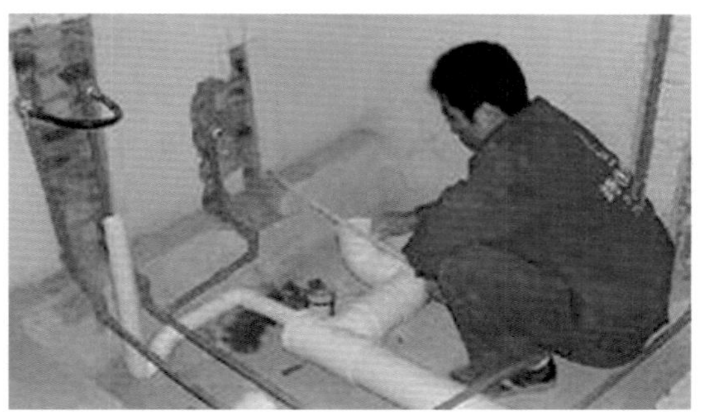

图 13-1　开凿沟槽

4. 分段布置管道

按照标准检查管道的质量；安放管道，在开好的槽上量实际尺寸、确定管子长短；将管子截断，按编号分开。在安装之前，先堵住管口，防止杂物堵塞管口。

5. 管体连接并固定

排水管和排水管主管都要封埋到墙内（见图13-2），安装卫生器具接水端口的高度要看具体说明书，确保安装管路后连接各种用水器具的接口位置正确。安装时要严格按照规定施工，防止有漏水现象的出现。安装热水管时要套上保温棉（见图13-3）。

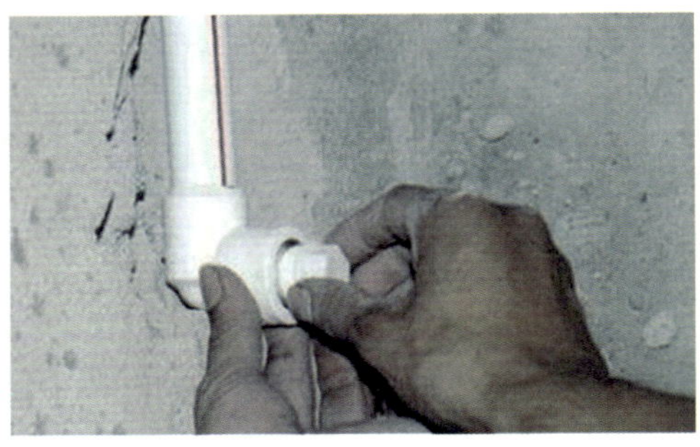

图13-2　水管安装

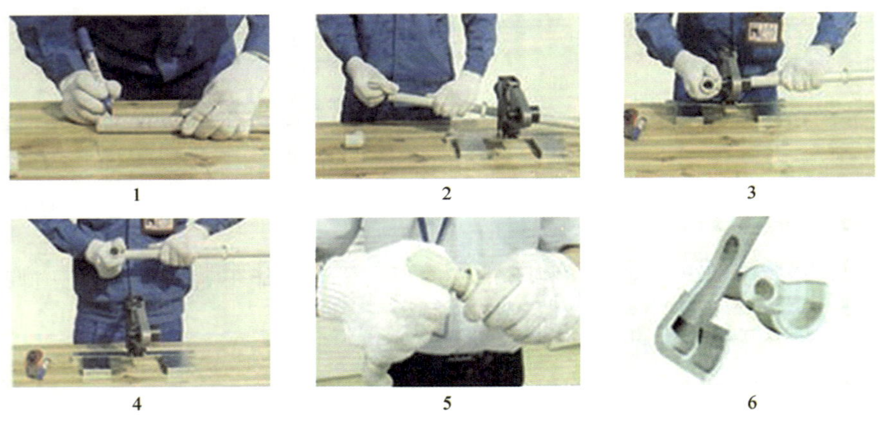

图13-3　管体拼装

6. 进行水压测试与封槽

管道安装完后一定进行水压测试（见图13-4），而封埋墙内的管道要进行综合性水压测试，进行测试前要清理管道，用自来水清洗，排完管内空气，然后测试，检查是否有漏水现象。

图 13-4　水压测试

第二节　电路工程

电路工程是建筑装饰装修不可轻视的重要组成部分，它与水路工程共同组成建筑的血液与脉络，必须遵守“安全、方便、经济”的原则。工程完工后，要检查是否漏电，并给出完整电路图，方便日后维修。因此，电路工程是装修中最重要的工程。

一、施工准备材料

1. 电线

为了防火、维修及安全，最好选用有长城标志的“国标”塑料或橡胶绝缘保护层的单股铜芯电线（见图 13-5）。

图 13-5　电线

2. 线材槽

关于线材截面积，照明用线选用 1.5 mm^2，插座用线选用 2.5 mm^2，空调用线不得小于 4 mm^2；接地线选用绿黄双色线，接开关线（火线）可以用红、白、黑、紫等任何一种，但颜色用途必须一致。

3. 穿线管

电路施工涉及空间的定位，所以还要开槽，会使用到穿线管（见图 13-6）。对使用的线管（PVC 阻燃管）进行严格检查，其管壁表面应光滑，壁厚要求达到手指用力捏不破的强度，而且应有合格证书。

图 13-6　穿线管

4. 开关

表面光洁、品牌标志明显，有防伪和国家电工安全认证的标志（见图 13-7）。

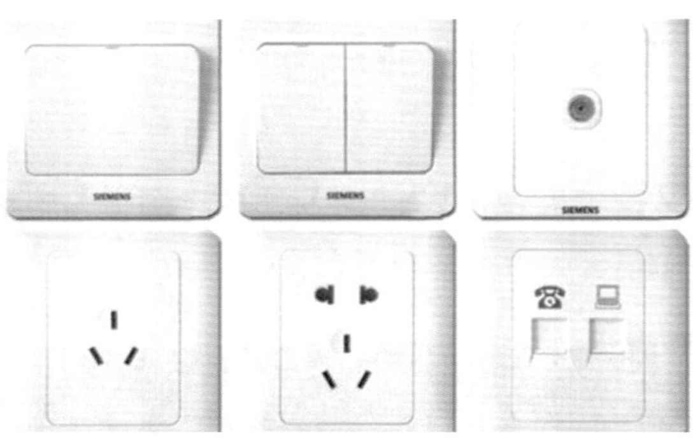

图 13-7　开关

二、电路工程施工过程

1. 设计规整电路走线图

安装电路电气设备应在室内最后刷一次乳胶漆前完成。

2. 确定电路走向

遵循电路走向先后顺序，先走顶棚线，再走墙线，最后再布置地线。安排好插座、开关、线路的方向和位置（见图 13-8）。

图 13-8　电路施工

3. 开凿沟槽

按比线管直径多 10 mm 的尺寸开凿沟槽，开凿沟槽时要规整，只能开凿竖槽（横槽会影响墙的承重力）。

4. 封埋暗盒

按照弹好的定位线的位置找出箱盒的准确位置，开凿洞口完成后应用碎砖临时固定，然后用水泥砂浆在箱盒不接管的位置进行固定封埋，等到水泥坚固到一定程度时，再放入箱盒。

5. 分布电路

电路一般采用线管封埋的方法（见图13-9），线管有冷弯管和 PVC 管 2 种，冷弯管可以弯折不断裂，是封埋线路比较好的选择，冷弯管弯曲有弧度，所以不用开墙也能更换线路，方便维修。但走暗线时一定要设置阻燃的 PVC 管进行辅助，当电路长于 15 m 或有 2 个以上的拐口应设置拉线盒。同一线管内放置同一回路的电线（强电、弱电不得放置在同一线管内），并且线管内电线不得超过 8 根。

图 13-9　分布电路

6. 安装各个电器设备（见图13-10）

开关面板、电灯、插座、电箱等。线管应用管卡加固，线管连接处使用配套接头并固定；弯头要用弹簧弯曲。

图 13-10　安装电器设备

7. 检查电路

安装完毕后检查电路是否有漏电短路的情况。

8. 水泥封埋

管道符合质量要求，达到施工规范后，用水泥封埋将线管封埋入墙体之内。

第十四章　砌筑工程

砌筑工程是指在建筑工程中使用普通黏土砖、承重黏土空心砖、蒸压灰砂砖、粉煤灰砖、各种中小型砌块和石材等材料进行砌筑的工程，包括砌砖、砌石、砌块及轻质墙板等内容。

第一节　砌筑材料检测

砌筑材料的品质直接影响砌筑以后的使用效果，所以砌筑材料在砌筑之前都需要进行必要的检测。

1．砖的检测

砌筑砖块的质量会影响整个工程的质量，所以应对所要施工的砌筑砖块进行严格的控制与检验，在购买时应注意选择一级品，保证品质。在施工前还要抽样检查砖的外观尺寸并检测砖的强度，保证它能承受施工所要经受的强度。

2．水泥砂浆的检测

水泥砂浆在承重砖墙中是影响砖墙承载力的决定因素，我们对它也要做出严格的控制。不仅要对水泥质量严格把关，还要对水泥按品种、标号、出厂日期分别堆放。严格检查水泥的出厂日期，对过期的砂浆一概不用。对砂的质量严格控制，对于砂内的大杂质，当砂浆标号大于或等于C5时，杂质含量应不超过1.0%。当标号小于C5时，杂质含量应不超过2.0%。最后对石灰膏的质量控制，当生石灰熟化成石灰膏时应用过滤网过滤，熟化的时间不少于7天，坚决不使用脱水硬化的石灰膏。

第二节　砌筑工艺

一、材料的砌筑工艺

1. 找平

砌筑墙前应在基础防潮层或楼面上确定各楼层层高，并用水泥砂浆或细石混凝土找平，让各段砖墙底部层高达到设计要求（见图14-1）。

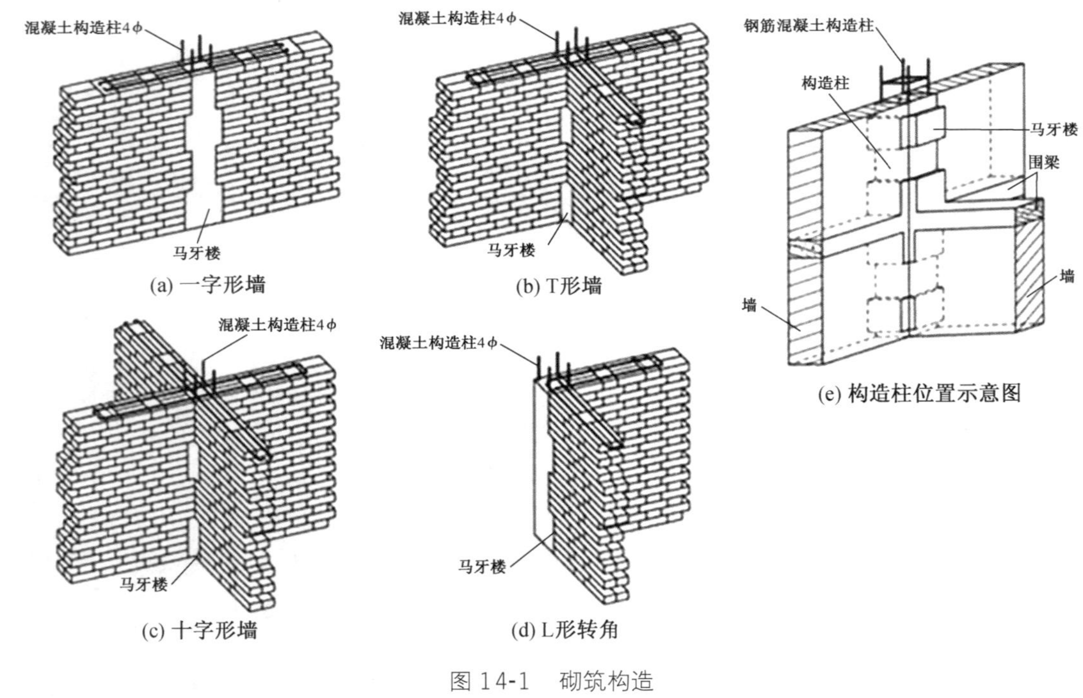

图14-1　砌筑构造

2. 放置位置线

根据龙门板给定的轴线及图纸标注的墙体尺寸，在基础顶面上用墨线弹出墙的轴线和墙的宽度线，并确定出门洞口的位置线。

3. 摆放干砖

在位置线的基面上按选定的组砌方式用干砖试摆（见图14-2）。摆放干砖的目的是核对所摆放的墨线在门窗门洞等处是否符合砖的模数，尽可能减少砍砖。注意：砖在砌筑前一天浇水湿润，不能即浇即用。

图 14-2　摆放干砖

4. 树立皮数杆

皮数杆是画有每皮砖和砖缝厚度及门窗门洞口、过梁、楼板、梁底、预埋件等标高位置的一种木制标杆。

5. 挂线

为保证砌体垂直平整，砌筑时必须挂线，一般二四墙单面挂线，三七墙及以上的墙双面挂线。

6. 砌砖

砌砖（见图14-3）的操作方法很多，常用的是“三一”砌砖法和挤浆法。砌筑的砂浆必须搅拌均匀，随拌随用，一般应在4 h内使用完毕。砂浆的标号和品种，必须符合设计要求。砌砖时，先挂上通线，按所排的干砖位置把第一皮砖砌好，然后盘角。盘角又称立头角，指在砌墙时先砌墙角，然后从墙角处拉准线，再按准线砌中间的墙。砌筑过程中应三皮一吊、五皮一靠，保证墙面垂直平整。每天砌筑高度不宜大于1.5 m。砌体施工缝处砌成斜槎长度不小于高度的2/3。“三一”砌筑法是砌筑工程作业中最常使用的一种方法。它是指一块砖、一铲灰、一挤揉（简称“三一”），并随手将挤出的砂浆刮去的砌筑方法。砌筑实心墙时宜选用“三一”砌砖法，有粘合较强的特点。挤浆法就是用灰勺、大铲或铺灰器在墙顶上铺一段砂浆，然后双手拿砖或单手拿砖的方式，将砖挤入砂浆中有一定厚度后把砖放平，以达到下齐边，上齐线，横平竖直的方法。

图 14-3　砌砖

7. 勾缝及清理

清水墙砌完后，要进行墙面修正及勾缝。墙面勾缝应横平竖直，深浅一致，搭接平整，不得有丢缝、开裂和粘结不牢等现象。砖墙勾缝宜采用凹缝或平缝，凹缝深度一般为 4 ~5 mm。勾缝完毕后，应进行墙面、柱面和落地灰的清理。

二、砌筑要点

① 砌筑时一定要设置皮数杆并带线，保证“上跟线，下跟棱，左右相邻要对平”。

② 灰缝砂浆饱满，内墙水平和垂直灰缝饱满度均应≥80% ，外墙灰缝饱满度均应达到100% ，砌筑墙面应横平竖直，阴阳角方正；落地灰及时回收利用，产生的垃圾随时清理归堆。

③ 蒸压加气砌块灰缝水平厚度为 15 ~ 20 mm，其他为 8 ~ 12 mm。

④ 蒸压加气砌块采用切割机或专用工具切割，严禁用刀或斧砍。

⑤ 墙体开槽前，应先根据控制线在墙面上将部位、尺寸标注清楚，然后用专用工具进行施工（一般采用切割机切割后电锤凿打）。

⑥ 线管槽用高标号水泥砂浆分两次补槽。

⑦ 在有条件的情况下，砖墙砌筑时与水电预埋同步施工，这样既保证了砖墙的稳定、牢固与美观，同时也保护了预埋管线，避免了开槽影响砖墙尤其是半砖墙的整体稳定性。

⑧ 外墙孔洞尽可能事先预留洞或预埋管，规格尺寸和位置根据设计要求确定，并可做成内高外低，避免雨水倒流。

⑨ 强弱电箱留洞时，水电班与砖工班应对接好提前预留，减少剔凿，避免墙体开裂隐患。

第十五章　防水工程

防水工程是通过使用防水材料，按规定方法施工达到建筑物和建筑物构架的防渗处理。防水工程是一个比较重要的环节，对屋顶、墙面、地面、地下室等多方位处理，在建筑物能使用的年限内防止生活用水和雨水对建筑物的侵蚀，以达到空间使用者有一个干爽舒适的环境。防水材料有建筑防水卷材、建筑防水涂料等。

第一节　刚性防水施工

1．清理基层

将验收合格的基层清理干净，将突出部位铲平，凹陷处用水泥砂浆填补平整。

在楼板下固定托板，不让上方砂浆掉落，在各种管道口认真安装固定托板，并在管道洞口使用水泥填充，确保防水工程的质量。卫生间各种下水管尽量不要改动，万一要改动，一定不能用水泥沙浆去填埋孔隙，一定要使用堵漏王分 3 次填埋。房间内最容易漏水的部分是下水管四周和墙的四条边角线，所以这些重点部位应该得到重点防控。地面四周也要分 3 次填堵，需要有间隔时间。这样就像给地面穿了一层刚性的防水盔甲。卫生间门槛内要做一个斜坡，防止水倒流到外面房间去，并且门槛石一定要用精水泥砂浆再加上一点堵漏王湿贴。

2. 处理附加层

拐角、阳角、地漏处容易发生漏水现象，是要着重关注的，所以应增加一层附加层。

3. 粉刷防水砂浆

需注意容易漏水的部位，粉刷完毕后要与基层严密结合、无鼓空，易发生渗水的部位要圆滑收头。施工过程中还应注意排水的坡度，地漏处应稍微低于地面。施工时、施工结束后要及时清洗施工用具、衣物，否则砂浆凝固后会很难清洗。

4. 蓄水检验

等到刚性防水材料干燥固化后，进行蓄水检验。蓄水前要将地漏临时堵住，如无渗水就为合格，并做好蓄水检验记录。

刚性防水施工范例如图 15-1 所示。

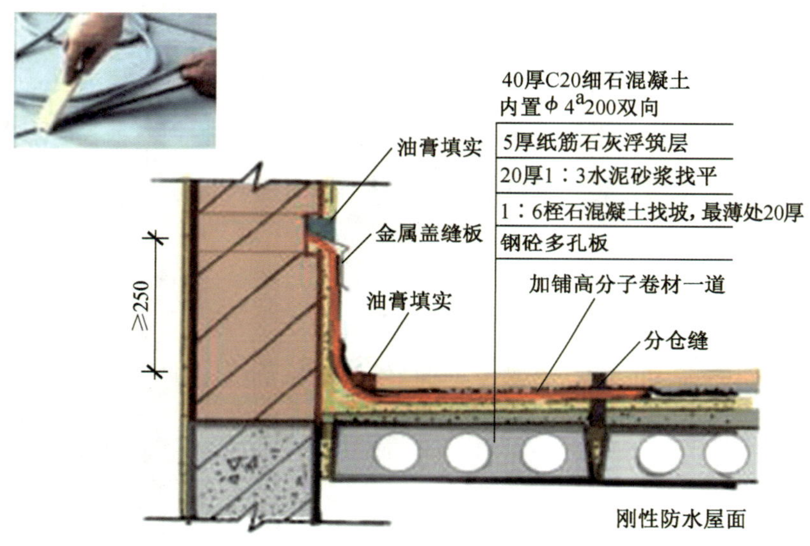

图 15-1　刚性防水施工范例

第二节　柔性防水施工

1. 基层清理

将验收合格的基层清理干净，将突出部位铲平，凹陷处用水泥砂浆填补平整。

2. 涂刷基层底胶

将聚氨酯甲料、聚氨酯乙料和二甲苯按比例配合涂刷在基层，用滚筒上下均匀涂刷在基层表面，涂刷完后用毛刷涂刷没有涂刷到的表层，要求涂刷均匀不透底。气温低于0 ℃以下或高于35 ℃不得施工（应避免高温施工）。

3. 涂刷特殊部位

将聚氨酯甲料、聚氨酯乙料和二甲苯按比例配合涂刷在地漏、出水口、上下管道、阴阳角等特殊部位（见图15-2）。

图15-2　涂刷特殊部位

4. 特殊部位附加层处理

在大面积涂刷前，在管根、阴阳角、地漏等容易漏水的地方做一至二道防水附加层。

5. 一次涂刷

将配好的聚氨酯涂膜防水材料用塑料板或橡皮板均匀涂抹到已经涂好底胶的基层底胶表面，要求薄厚一致（见图15-3）。

图15-3　一次涂刷

6. 二次涂刷

第一次涂料凝固后，就要涂第二次涂料。与第一次的涂法相同，但涂刷方向与第一次涂刷方向垂直。涂第二层的时间应依据第一层涂料的凝固程度来定，一般在 24 ~72 h 之间。

7. 质量检查

防水涂层应和基层紧密粘合，无气泡、空鼓、开裂等现象，形成连续不断的防水涂层，不得有渗水的现象，若有则进行二次施工来补救。

柔性防水施工范例如图 15-4 所示。

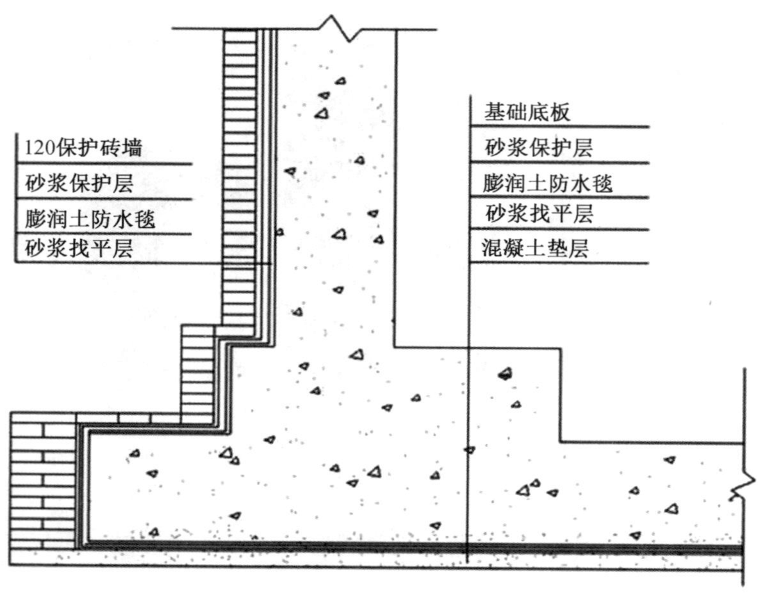

图 15-4　柔性防水施工范例

第三节　注意事项

1. 施工安全

① 屋面防水施工在屋顶高处作业，必须严格遵守建筑施工高处作业安全技术规范规定。

② 屋面施工要搞好防火、防毒工作，相应的防火消防器材和设施必须到位。

③ 施工前对所有施工人员必须进行安全技术交底，并有记录和签名。

2. 成品保护

① 屋面防水层工程完毕后，应加强管理和保护，严禁在防水层上进行其他作业，避免造成破坏。

② 严禁在防水层上凿孔找洞、重物冲击、堆放杂物。

3. 防水

防水是隐蔽工程，后续的施工可能会破坏防水层。如果地砖已铺设完毕，千万不要砸地砖，可用专业的补缝防水材料把所有的缝隙堵住做好防水。这种方法也同样适用于卫生间防水层失效后防水工程。

4. 安全教育

① 必须对进场施工人员进行三级安全教育。

② 防水施工为特殊作业工种，要进行专业、专门的安全技术教育。

③ 教育内容包括安全意识、安全技术、安全生产操作规程。

④ 确立班前安全会议制度。

⑤ 防水施工人员为特殊工种，必须持证上岗，严禁无证操作。

⑥ 加强防火、防毒的安全管理。防水卷材都是易燃产品，施工时一定要注意防火安全，防水卷材施工时，消防设施要到位，随时防止火灾发生。

第十六章　石材铺装工程

石材是既古老又现代的材质，具有独特的质感、美丽的色泽和优异的自然纹理。装饰石材分为天然石材和人造石材两种，其强度高、装饰性好、耐久、来源广泛，已成为一种新型饰面材料。石材适用于人流量大、清洁要求高或经常受潮的室内楼地面。

第一节　墙面石材饰面

一、干贴法

1. 处理基层

基层应有足够的稳定性和刚度，基层的表面应粗糙平整，而光滑的基层表面要进行打磨。

2. 弹线找平

墙面安装饰面板之前要先统一找平，分块弹线，并根据设计要求确定地平面标高位置。

3. 检验修补板材

检查板材是否合格，有无缺角、裂缝、不匀色的地方，并进行修补。

4. 安装饰面板

首先将钢筋网要按施工详图来捆扎。竖向钢筋的间隔，如果无设计规定，就按照饰面板的宽度距离设置，一般宽度不超过 50 cm。横向钢筋用于捆扎钢丝或挂钩，上下排之间的高度要根据板的高度决定。

5. 排号预拼

将按大样图给石材预先拼接排号，使石材安装后花纹和谐、严实合缝、纹理通顺。对有缺陷的石板材，一般要剔除或改小料用，或放置在边角不显眼的位置。

6. 钻孔、开槽、固定不锈钢丝

饰面石板预拼排号后，按顺序将板材侧面钻孔打眼。

7. 石板的安装

石板的安装顺序要从下向上，每层板块由中间或一端开始。先将墙面最下层的板块按地面标高就位，如果地面尚未铺装，要用垫块把板块垫高至地面标高线位置。然后使板材上口朝外，将不锈钢丝绑扎在水平横筋上，再绑扎板材口不锈钢丝，绑好后用木楔垫稳。用靠尺板检查校正后，绑不锈钢丝。最下一层定位后，再拉出垂直线和水平线来控制安装质量（见图 16-1）。

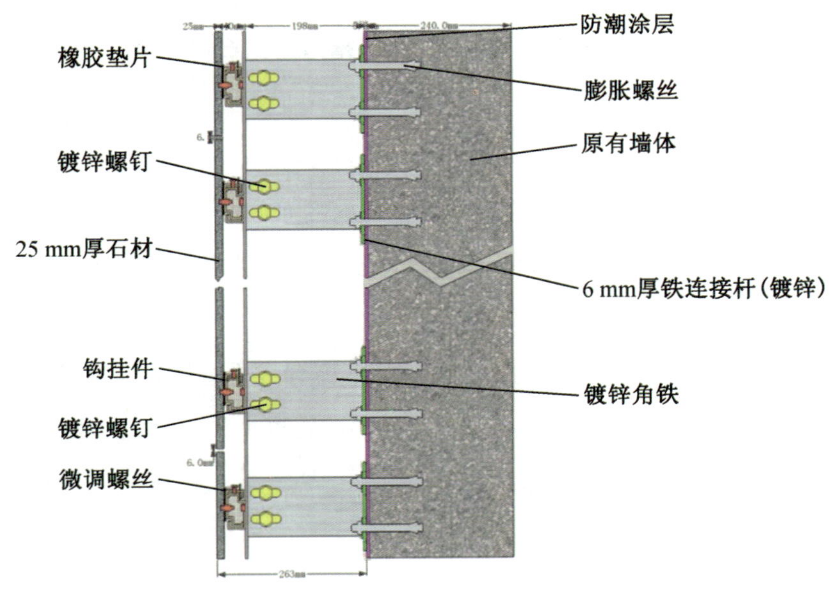

图 16-1　石材墙面干贴工艺

8. 质量检查

检查板材是否符合质量标准，板材之间是否有拼接不平整，拼接完毕后是否有裂痕。

二、湿挂法

石材墙面湿挂工艺如图16-2所示。

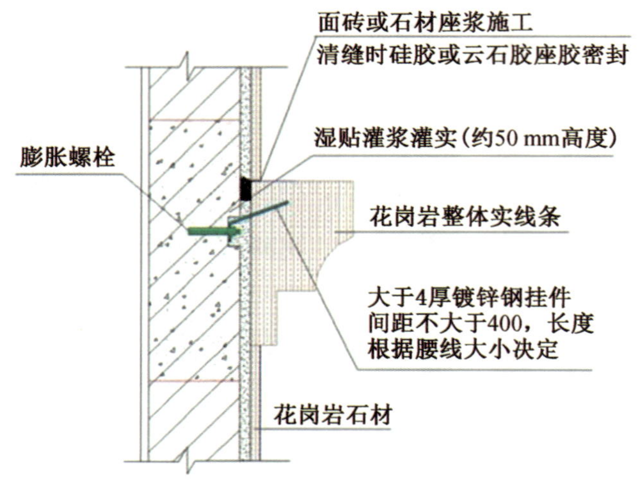

图16-2 石材墙面湿挂工艺

1. 基层处理

基层表面残留的砂浆，尘土应用刷子刷理干净，并用清水冲洗干净。

2. 切割石材

将石材切割燕尾槽口，一般深为35 ~40 mm，槽口距离石材侧边70 mm，在石材切口处绑上铜线，并将石材背面清理干净。

3. 扎绑钢筋网片

按照设计图和石材大样图，打眼下膨胀螺栓 $\phi8$@600 mm或过墙螺栓，然后焊制 $\phi6$ 钢筋网片，竖向的间距一般为600 mm，横向间距随着石材规格高度的变化而变化。

4. 弹线定位

首先，在将要施工基面上找出的窗、柱、门套窗套线垂直线，考虑灌浆、石材的厚度和钢丝网所占的空间，一般石材的外壳离结构面的距离为5 ~7 mm。然后，在墙柱面拉出轮廓线，也就是石材安装的基准线。

5. 石材安装（见图16-3）

① 将要铺贴的石材就位，石板上口外仰，右手伸入石材背面，把石材下口铜丝绑扎在横筋上，绑时不要太紧，可留余量，只要把铜丝和横筋拴牢即可（灌浆后即会牢固）。

② 把石板竖起，便可绑石材上口的铜丝，并用木楔垫稳，块材与基层间缝隙（即灌浆厚度）一般为30 ~50 mm。靠尺板检查调整木楔，根据偏差度再松紧铜丝，依次向另一方进行。

③ 柱面可按顺时针方向安装，一般先从正面开始；第一层安装完毕，再用靠尺板找垂直，水平尺找平整，方尺找阴阳方正。若在安装石材时发现不符石材规格标准，或石材之间的缝隙不符，应用铅皮垫牢，使石材之间缝隙均匀一致，并保证一层石板上口的垂直，找完垂直、平整、方正后，用大力胶粘住；在石材上下之间，使这两层石材结成一整体，木楔处亦可粘贴大力胶，再用靠尺板检查有无变形，等大力胶硬化后方可灌浆。

6. 灌浆

把配合比为 1：2.5 水泥砂浆加水调成粥状，用盆舀浆徐徐倒入，注意不要碰石材，边灌边用橡皮锤轻轻敲击石材面使灌入砂浆排气，先灌入 15 mm，过一个小时左右，观察水泥砂浆是否有移动，是否凝固。进行第二次灌浆，其工序与第一次的工序相同，以此类推，直到灌到距板口 8 cm 左右处。

7. 缝隙处理

石材全部安装完毕后，清洗石材上的污迹、胶水印，并用调制好的石材色浆擦拭石材缝隙。

图 16-3　石板安装

第二节　地面石材饰面

地面石材铺贴工艺如图 16-4 所示，具体如下：

1. 定位弹线

根据图纸设计要求，先用经纬仪定出中心线，再定出中心轴线。根据设计图纸提供的水准控制点，用水准仪打出水平标高线。水平线为地面的标高水平线。

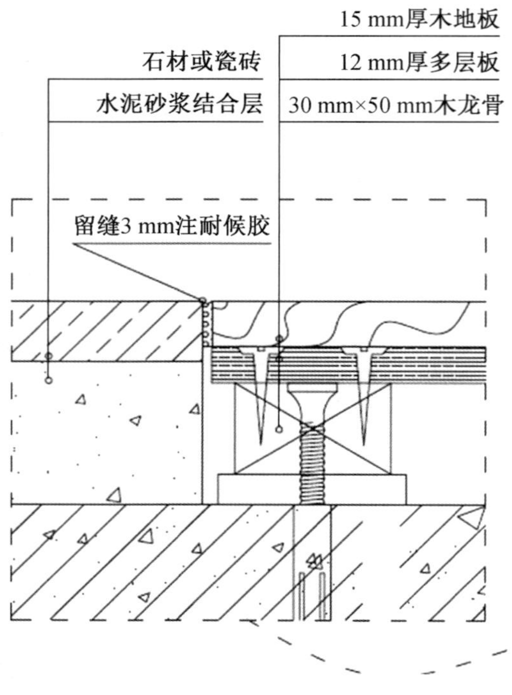

图 16-4　石材地面铺设工艺

2. 预拼排号

板材有裂缝、掉角和表面有缺陷时，应剔除或改小，品种不同的板材不能混合使用；在铺设前，应根据石材的颜色、花纹、图案、纹理等按设计要求试拼排号。

3. 保持现场的清洁

石材要避免被水泥砂浆或有颜色物质污染表面。石材在铺设前要先清洁石材表面，使石材清洁干燥，再用板刷、毛刷或滚筒对石材的正面和四立面刷两遍防护剂。

4. 铺设石材

彻底清扫基层垃圾，用水刷洗湿润后，先铺水泥砂浆，然后按定好的水平线及分格线铺好 1 ：4 的半干硬性水泥砂浆作垫层，然后对将铺砌的石材进行预压，预压后将石材掀起，对水泥砂垫层进行找平点补处理，避免空鼓现象的出现。然后在水泥砂垫层上均匀铺一层素水泥浆，最后铺砌石材，用木槌从中间向四周对石材进行锤击找平，以达到规定平整度。

5. 打胶

对于要求密缝的石材拼接不需用打胶，设计要求留缝的地面，则需要将胶打入缝隙内。为了保证打胶的质量，需用事先准备好的泡沫条塞入石材缝隙，预留好要打胶的尺寸，深度适中，要求密实，并在石材的边缘贴胶带纸，最后打胶。一般要求打胶深度在不超过 5 mm，保证雨水不渗入基础内。完成后将胶带纸撕掉，使打胶边呈一条直线。

6. 清洗打蜡

安装完毕后，石材板面用清洁剂彻底清洁，完工后对石材进行打蜡，保证石材的清洁美观。

7. 质量检验

石材铺砌好后，要检查平整度和稳定情况，如果发现不平，应立即修整。

第十七章　木工工程

木工工程是家装中重要的一环，家装的好坏很大程度取决于木工水平的高低。木工施工工艺是以木材为原料，以锯、凿、刨、黏合、插接等工序造就的施工工艺。人们在漫长的生活与实践中，对木材有了更深入的认识与了解。木材的纹理清晰自然、色泽柔润饱满、加工便捷、使用价值高，多应用于室内家装和家具制造之中。

第一节　顶面施工工艺

一、木龙骨饰面板吊顶

1．弹线定位

根据设计图纸的位置进行弹线。弹线包括标高、顶棚造型的位置线、大型灯的位置线。标高在墙柱面，其他线在楼板底面。弹线是为了让施工有基准，方便下一道工序掌控准确位置。弹线中如果发现有问题应及时修改。

2．装置吊筋、吊点

在预制板缝中安装吊筋，方法有通筋法和短筋法。

3．固定靠墙边龙骨

若为混凝土墙面，需要用电锤在墙面的标高线的 10 mm 处凿孔，每空相距 300 mm，孔径12 mm。然后将经过浸油防腐处理的木楔打入墙面空隙中，要求固定无松动，并削去多余部分，与墙面齐。边龙骨的断面尺寸和顶龙骨的断面尺寸要一致，边龙骨用圆钉固定在四周预设木楔的墙面上，木龙骨的底边要和吊顶的标高线一致，并涂刷防火涂料。

4. 拼接木龙骨架

木龙骨在吊装前，应在楼（地）面上进行拼装。龙骨拼装的方法常采用咬口半禅扣接拼装法。其具体做法：在龙骨上开槽，将槽与槽之间进行咬口拼装，槽内涂胶并用钉子固定（见图17-1）。

图17-1　木龙骨拼装

5. 吊装木龙骨与固定吊点

用铁丝将拼装好的木龙骨吊直（可以从一个墙角位置开始）在标高线以上，临时固定；用棒线绳或尼龙线沿吊顶标高线拉出几条平行线和对角交叉线；以此为准，将龙骨慢慢移动至与标高线平齐；然后与吊筋连接固定。用同样的方法对叠级吊顶龙骨进行固定，将上下两级龙骨连接起来。安装吊点、吊筋吊点常用膨胀螺栓、预埋件等，吊筋可用钢筋、角钢或方木，吊点与吊筋之间可采用焊接、绑扎、钩挂、螺栓或螺钉等方式连接。

6. 预先留置孔洞

在灯底、空调通风口、检修孔预留孔洞，目的是在洞口处加密钢筋和加大龙骨的密度。

7. 调整整体

每片木龙骨交接处固定完后将临时固定的固件拆掉（见图17-2）。在整个吊顶下面用尼龙绳根据标高水平线拉出十字交叉的两条基准线来检测整体的平整度。调平工作要耐心仔细，有时一处调好会引起其他部位的变动，所以要多次调整。如果面积过大，因自身重力容易是吊顶产生下凸，会在视觉上产生下坠感，因此可适当起拱。

8. 饰面板的安装

用自攻螺钉把纸筋石膏板铺钉在龙骨上，安装时应注意：石膏板的长边必须与次龙骨呈垂直交叉状态，使端边落在次龙骨中央部位。石膏板应在自由状态下进行安装，固定时应从中央向板的四边顺序固定，石膏板与培面间应留出 6 mm 间隙。螺钉与板边的距离以 10 ~15 mm 为宜，自攻螺钉的钉距不大于 200 mm（可选 150 ~170 mm）。板材装钉完成后，用石膏腻子填抹板缝和钉孔，用接缝纸带或玻璃纤维网格胶带等板缝补强材料粘贴板缝，各道嵌缝均应在前一道嵌缝腻子干燥后再进行。

图 17-2　整体调整

二、轻钢龙骨石膏板吊顶

轻钢龙骨石膏板吊顶如图 17-3 所示。

1. 弹线定位

根据设计图纸的要求在墙上弹出基准线、护墙的标高线、墙面的造型线。

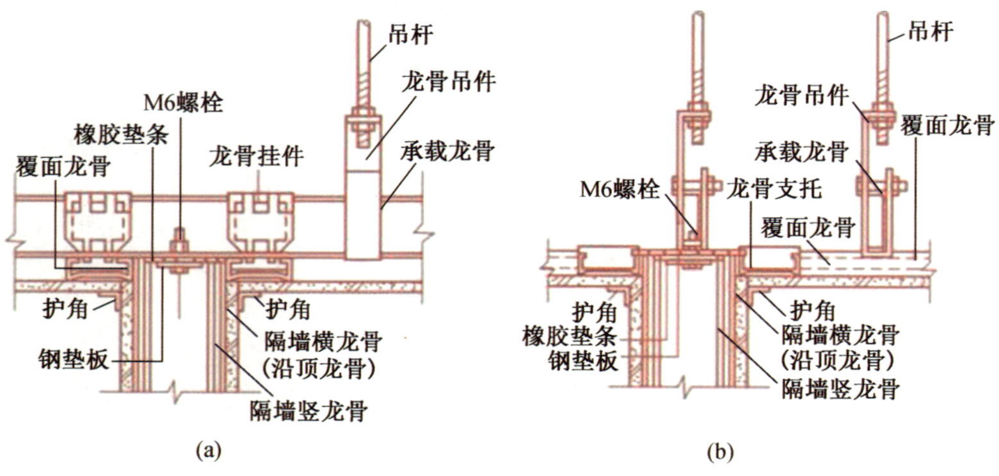

图 17-3　轻钢龙骨石膏板吊顶

2. 安装吊筋

如果是预制钢筋混凝土楼板，应在主体施工时预埋吊筋或者用膨胀螺栓加强连接强度。如果是现浇钢筋混凝土楼板，可以预埋吊筋或者安装膨胀螺栓，也可以用射钉固定。

3. 安装龙骨

龙骨的安装一般都是从房间的一面到房间的另一面，如有高低叠层，则先装高再装低。

4. 安装石膏板

石膏板与轻钢骨架固定的方式采用自攻螺钉固定法，在已装好并经验收的轻钢骨架下面安装 9.5 mm 厚石膏板。安装石膏板用自攻螺丝固定，固定间距板边为 200 mm，板中为 300 mm。自攻螺丝固定后点刷防锈漆。

5. 接缝处理

在板接缝间采用粘贴纸带嵌缝膏进行嵌缝处理，要使用嵌缝腻子。

三、石膏线安装

石膏线（见图 17-4）是一种装饰性顶面材料。石膏线可带各种花纹，具有防火、防潮、保温、隔音、隔热功能，并能起到豪华的装饰效果。石膏是气密性胶凝材料，石膏浮雕装饰产品必须具有相应的厚度，才能保证其分子间的亲和力达到最佳程度，从而保证一定的使用年限和在使用期内的完整、安全。如果石膏浮雕装饰产品过薄，不仅使用年限短，而且影响安全。

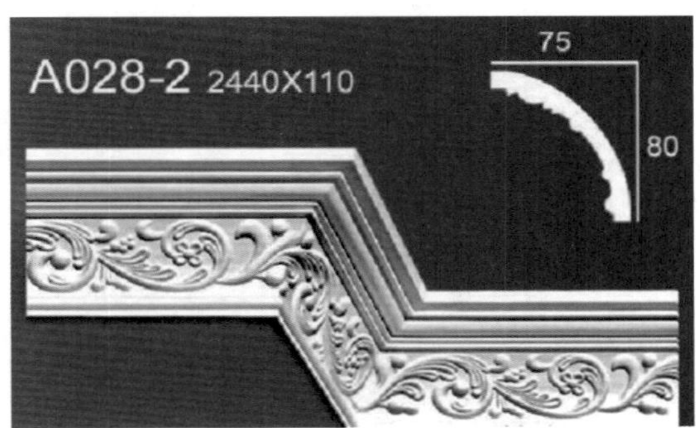

图 17-4　石膏线

角线快速安装法：

需安装的顶角或其他部位先用水泥钢钉钉上木块，木块一般规格为 15 mm（厚）×60 mm（宽）×50 mm（长），间距为 330 mm 左右，钉木块处必须与角线上滑块接缝处吻合（见图 17-5）。

图 17-5　安装角线

在每一处墙角安装前，须将角线里的雕花滑块裁出一个完整的花，刨去滑边，以便最后打钉处粘上盖合。

将取好的角线对准已钉好的顶角上木块位置，推开雕花插件，打入 2 ~3 枚圆钉，每钉一块往前推一段，最后一个接口用玻璃胶浆预先裁下的雕花粘上，遮住钉眼，达到天衣无缝的效果（见图 17-6）。

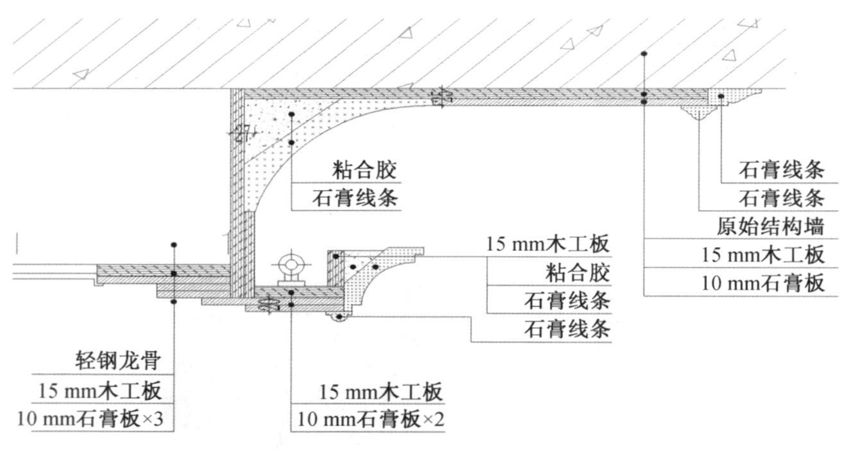

图 17-6　安装石膏线

四、装饰木线条

装饰木线条的施工工艺如下：

1. 检查木装饰线条

收口施工前，应准备好收口木装饰线条，剔除线条中扭曲、疤裂、腐朽的部分，还应注意木装饰线条的色泽一致，线条厚薄均匀。木装饰线条表面应光滑无坑、无破损现象。

2. 基层处理

检查收口对缝处的基面固定是否牢固，对缝处是否有凸凹不平现象，并查其原因，进行加固和修正。

3. 木装饰线条固定

条件允许时，应尽量采用胶粘固定。如需钉接，最好用射钉枪，枪钉钉接时不允许露出钉头。钉的部位应在木线的凹槽位或背视线的一侧。例如，半圆木线条位置高度小于1.6 m时，应钉在木线中线偏下部位；高度大于1.7 m时，应钉在木线中线偏上部位。

4. 线条拼接

可先用直拼法或角拼法。

5. 直拼法

就是将木线条在对口处开30°或45°角，截面加胶后拼口，拼口要求顺滑，不得错位。

6. 角拼法

将线条放在45°定角器上，细锯锯断（保证截口无所边），断面涂上胶后对拼，注意不得有错位和离缝现象。

木装饰线条的自身对口位置，应远离人的视平线，在室内不显眼位置处。

第二节 墙面施工工艺

墙面的施工工艺如下：

1. 基层清理

在施工前把要施工的基层清理干净，不能有杂物、凸起。

2. 弹线定位

根据设计图纸的要求在墙上弹出基准线、护墙的标高线、墙面的造型线。

3. 木楔安装

安装木楔的固定点时，根据基层的材质和工艺，采用不同的方法。木楔是木龙骨和墙面连接的媒介，要求安装牢固，不得有松动。

4. 木龙骨的制作

木龙骨在吊装前，应在楼（地）面上进行拼装。龙骨拼装的方法常采用咬口半禅扣接拼装法。其具体做法：在龙骨上开槽，将槽与槽之间进行咬口拼装，槽内涂胶并用钉子固定，与吊顶木龙骨的制作方法相同。

5. 安装木龙骨

先检查木龙骨是否平整，四个角是否方正，是否有翘曲的地方，有无松动的迹象。将木龙骨竖立，按照弹线的位置靠墙安放，用挂线坠、靠尺检查木龙骨是否垂直平整。确认无误后再用圆钉（见图17-7）把木龙骨和木楔连接的地方进行连接。操作时还要观察木龙骨和墙面是否因为操作而产生空隙，如果有，就用木片进行垫平，再用圆钉固定木片，再逐一固定木龙骨。

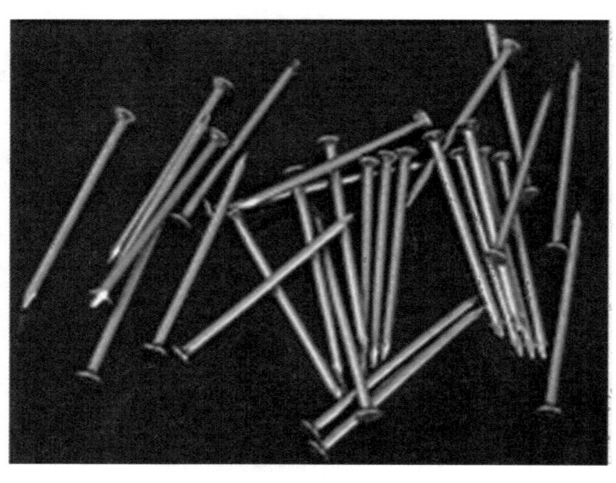

图 17-7 圆钉

6. 基层底板的安装

木龙骨安装完毕后，要进行仔细的检查，彻底没问题后，再进行安装基层底板的步骤。如果设计图纸上要求安装隔声、防火、保温的墙面，需要将玻璃丝棉、岩棉、苯板等安装在木龙骨分格内，必须符合防火规范。而基层底板的原料一般都是采用中密度板、胶合板、细木工板等。

7. 安装饰面板

木龙骨墙面的饰面板品种比较多，比如实木面板、人造实木夹板、防火板、不锈钢板、铝塑板等。不同的板材安装的工艺也有所不同。

8. 收口线条处理

如果两块饰面板的接口不在同一平面，存在凹凸转折或者缝隙，就需要线条造型做修饰，一般以收口线条工艺处理。装置封边时，钉子的位置应装在看不见的一侧，保持美观。

9. 踢脚线的施工工艺

踢脚线有保护墙面的作用，其凸面立体感可以分隔地面和墙面，使房间层次分明，木护墙的踢脚线比较适合平直的木板制作。踢脚线用气钉固定在木龙骨上，多余部分砸扁顺木纹钉入木龙骨，并冲入 2 mm。

第三节　地面施工工艺

地面的施工工艺如下：

1. 基层清理

将验收合格的基层清理干净，将突出部位铲平，凹陷处用水泥砂浆填补平整。

2. 弹线定位找平

底板基层铺设前，须弹线定位，找平垫块不小于 100 mm×100 mm，做好三防处理。

3. 铺设防水薄膜

基层板铺设时应在建筑地面铺塑料防潮薄膜，上部垫块用水泥钢钉四周固定，18 mm 防水基层背面满涂三防涂料。基层板之间留 5 mm 伸缩缝，完成基层板铺装后及时清理，伸缩缝处粘贴包装胶带。

4. 安装木格栅

在垫木上铺设木龙骨主要起到小梁的作用，主要用来固定承托面层，木格栅的断面尺寸根据地垅墙的间距大小而定。木格栅安装时一般与地垅墙垂直，木格栅要做防火、防腐处理。

5. 安装木踢脚线

踢脚线用钉与墙内防腐木砖钉牢，钉帽砸扁冲入板内，为保持美观，钉入看不见的一侧。踢脚线要求与墙紧贴，上口平直。踢脚线接缝处应作企口或错口相接，在 90°转达角处应作 45°斜角相接。踢脚线与木地板面层交接处钉设木压条。

6. 打磨面层

面层的面板铺装完毕后，需要用打磨机（见图 17-8）打磨抛光，先用 3 号砂纸垂直木纹打磨，再用 0－1 号砂纸顺木纹打磨 2 遍，最后用 0.3～0.5 细砂纸细细打磨 2 遍，要求无打磨的痕迹，达到可以刷油漆的要求。

7. 表面处理

地板需要上漆，要求表面无气泡，无凸起。

地面铺装工艺如图 17-9 所示。

图 17-8　打磨机

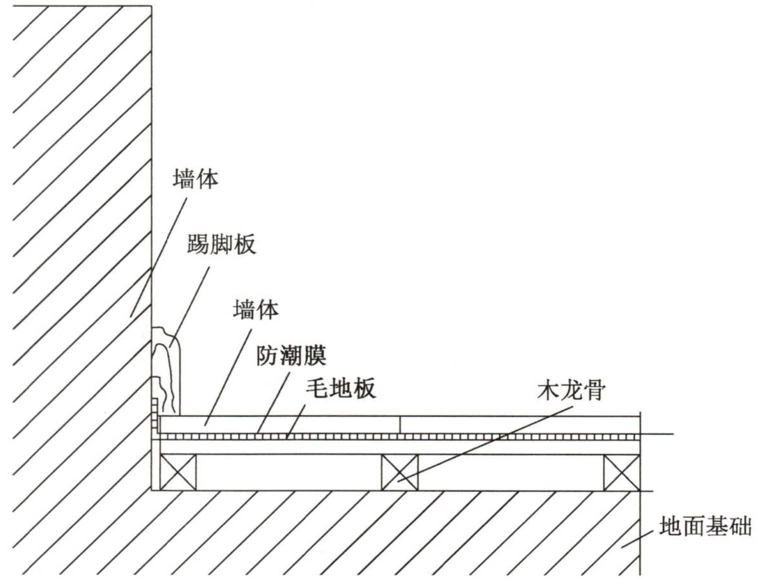

图 17-9　地面铺装工艺

第十八章　油漆工程

第一节　乳胶漆

乳胶漆（见图 18-1）是一种以水为介质，以丙烯酸酯类、苯乙烯－丙烯酸酯共聚物、醋酸乙烯酯类聚合物的水溶液为成膜物质，加入多种辅助成分制成，其成膜物是不溶于水的，涂膜的耐水性和耐候性大大提高，湿擦洗后不留痕迹，并有平光、高光等不同装饰类型。

图 18-1　乳胶漆

乳胶漆施工工艺（见图 18-2）如下：

1. 基层处理

墙面基层整理将墙面上的浮灰，杂物等清理干净，墙面找平、填缝，局部用腻子刮平。然后用腻子满刮墙面，用砂纸磨平。

2. 喷、涂胶水

混凝土墙面清理完后，应涂一层胶水，达到增强基层表面和腻子粘结力的目的，涂刷要均匀。

3. 填补腻子，局部刮腻子

用石膏腻子将墙面不平及坑洼缝隙处填补均匀。

4. 打磨

腻子填补完后，待其完全干透后用砂纸打磨平整，并将打磨后多余的浮尘清理干净。

5. 满刮第二遍腻子

找到墙面不平处，再用腻子刮平，干后打磨，直至达到平整的效果。

6. 第一遍刷涂乳胶漆

待墙面基层清理后，即可进行第一遍刷涂，刷涂的顺序为由上到下，要刷涂均匀，不漏刷，厚薄均匀。

7. 复补腻子、磨光

在第一遍涂料完全干透后应该对墙面的麻点、坑洼、刮痕等用腻子重新复找、刮平、刮均匀，等干燥后再用细砂纸打磨光滑，然后清理干净表面。

8. 第二遍刷涂乳胶漆

第一遍刷涂干燥后，墙表面所有明显麻面、需复补腻子，再进行第二遍刷涂，方法同第一遍。喷涂涂料的黏度应根据空气湿度调整，喷涂时喷枪与饰面成90°角。

9. 复补腻子、磨光

施工同前。

10. 第三遍刷涂乳胶漆

大面积喷涂前先试喷，枪与被涂面保持垂直状态。

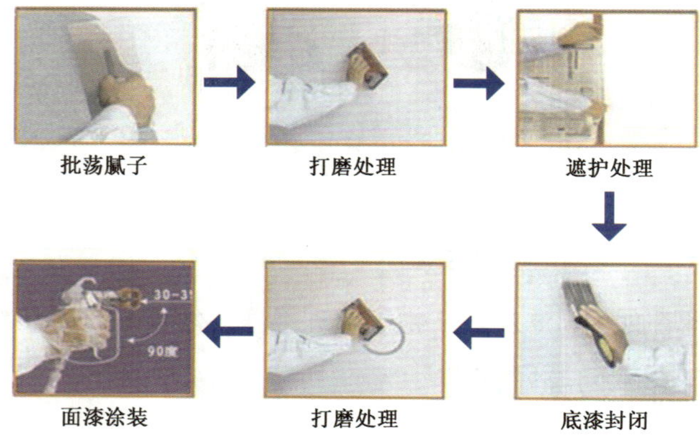

图 18-2　乳胶漆施工工艺

第二节　木器漆

木器油漆工程施工工艺分为混油施工工艺和清漆（见图18-3）施工工艺。混油施工工艺是首先清理木器表面灰尘和污物，然后用原子灰拌好满批木器表面；待其干透后用砂纸打光刷第一遍漆，并且补不良处，同样待其干透后用砂纸打光；然后刷第二遍漆，待其干透后重复用砂纸打光在刷油漆的工艺程序，一般来说混油以2 ~3 遍为宜。清漆施工工艺一般先着色油或调色油，然后再刷清漆（见图18-4）保护饰面板、木线。如果是保持原色进行刷清漆，那么在材料购进工地后就必须清洁表面并立即进行第一遍的“封漆保护”。

图 18-3　清漆

图 18-4　手工刷涂

（一）混色油漆施工工艺

1. 基层处理

基层处理时，为了使木基层饰面有好的光泽度，应将木器表面灰尘、油污等杂质清除干净，否则影响后期施工的质量，落下瑕疵。

2. 用磨砂纸将其打平

打砂纸时应顺着木纹打磨。

3. 结疤的地方打漆片

在涂刷面层前应用漆片（虫胶漆）对有较大色差和木脂的结疤处进行封底。

4. 打底刮腻子

主要起到修补的功能，包括对虫眼、树节疤、开裂、损伤、凹陷等进行修补，使基层表面达到水平。

5. 涂干性油

应在基层涂干性油或清油，涂刷干性油时所有部位都应均匀刷遍，不能漏刷。

6. 第一遍满刮腻子

底子油干透后满刮第一遍腻子，干后以手工砂纸打磨，然后补高强度腻子，腻子以挑丝不倒为标准。满刮腻子必须等到涂刷的清漆、底漆干透后才能进行。

7. 打磨

待腻子干透坚固后，要对木基层表面进行打磨，使用砂纸对木基层表面及涂层表面进行研磨平整的工序。打磨时要轻磨，不能将涂刷的漆面磨穿，打磨后必须将表面清扫干净。

8. 涂刷底层涂料

涂刷之前，必须将油漆搅拌均匀，底漆稀释要调匀，用毛刷均匀涂刷，从上而下、从左至右、先里后外、先难后易、先斜后直、纵横涂刷，要求薄并且均匀，不能漏刷，干后根据需要补腻子。

9. 底层涂料干硬后打磨涂刷第二遍底层

这是为了加强后道腻子的粘结力，达到进一步封闭基层的目的。涂刷时用力且均匀，移动轨迹要连贯，蘸漆不能太多，要均匀。

10. 复补腻子进行修补

第一次刷浆后还要复补腻子刮平磨光。

11. 磨光擦净后涂刷第三遍底漆

待腻子干透后打磨平整，擦拭干净后，再涂刷第三遍底漆。

12. 涂刷 2 ~3 遍面漆

待第三遍底漆干透后，再对其进行打磨，越接近表面的漆层质量要求越高，所使用的砂纸越细，有时还可以用旧的水砂纸。

13. 抛光打蜡

打砂蜡和上光蜡。砂蜡是专用于油漆涂层抛光的辅助材料，上光蜡是溶解于松节油中的膏状物。在打砂蜡时，先将砂蜡捻细浸入煤油内使之成糊状，用棉纱蘸取后顺着木纹方向涂擦。

（二）清漆施工工艺

1．基层处理

基层处理时，为了使木基层饰面有好的光泽度，应将木器表面灰尘、油污等杂质清除干净。否则影响后期施工的质量，落下瑕疵。

2．涂上润油粉

施工时用棉丝蘸油粉涂抹在木器的表面上，并且用手来回揉擦，将油粉揉擦进木材内。注意：墙面及五金上不得沾染油粉，油粉涂抹前应用分色纸将墙面及五金的边缘粘贴保护。

3．打磨砂纸

待油粉干后，用砂纸轻轻顺木纹打磨，磨后用潮湿的抹布将打磨下来的粉末擦净。

4．满刮第一遍腻子，砂纸磨光

要注意腻子的油性不可过大或过小，不然颜色不能一致，待腻子干透后，用砂纸轻轻顺木纹打磨，打磨完后用潮湿的抹布将打磨下来的粉末擦净。

5．涂刷油色

油色混合搅拌均匀，颜色要与样板的颜色相同，顺着木纹涂刷，颜色一致，因为油色干燥较快，所以刷油色时动作要迅速。

6．点漆片修色

木材表面上的黑斑、节疤、腻子疤和材色不一致处，应用漆片调色进行修色。待修补腻子和修色完后使用砂纸彻底打磨一遍，然后将粉末擦净。

7．刷第一遍清漆

将清漆涂料添加稀释剂搅拌，稠度要适宜均匀。待清漆干透后再进行打磨并将多余粉末清理，然后对其进行检查。

8．刷第二遍清漆、磨光

涂刷动作要迅速，涂刷要饱满一致，刷完后再检查一次。

9．磨砂纸

待第二遍清漆干透后用砂纸打磨，打磨用力均匀，将木材表面的光亮打磨掉，然后将多余的粉末清理干净。

10．刷第三遍清漆

涂刷方法同前，涂刷油色要饱满，木纹清楚，表面光滑。

11. 磨砂纸

第三遍清漆干透后，用细砂纸打磨，打磨后将多余的粉末清理干净。

12. 刷第四遍清漆

刷漆方法同前。

13. 打磨砂纸

要磨光、磨平，打磨后清理干净。

14. 刷第五遍清漆

涂刷方法同前，涂抹均匀。

15. 水砂纸打磨退光、打蜡、擦亮

待涂料干透后用高号水砂纸打磨，打磨后擦拭干净。接着用砂蜡涂抹均匀，最后涂抹上光蜡，用干净白布将上光蜡包裹在里面，收口扎紧，用于揉擦，注意擦匀擦净，达到光泽的饱和。

第三节　艺术漆

艺术漆的施工工艺如下：

1. 基层处理

批刮腻子之前，应彻底清除疏松、起皮、空鼓、粉化的基层，然后去除灰尘、油污等污染物（见图18-5）。

图18-5　面层处理

2. 填平接缝

接缝处填平，涂刷混凝土界面剂，用外墙腻子修补墙面；第一道局部找平，用柔性腻子填补大的孔洞和缝隙；待腻子干燥后，局部打磨，再满披柔性腻子（见图18-6）使基层平整；腻子完全干燥后，进行打磨使基层平整；再披一遍柔性腻子，进行打磨使基层平整。

图 18-6 披腻子

3. 制作纹理

将饰面砂浆材料按规定水灰比加水拌和5 min，静止3 ~5 min再使用，用腻子刀人工打底一遍，厚度1 ~50 px，阴阳角需以长尺靠刮，再以腻子刀刮平，全面涂刮，将所有表面坑洞全部填满。

第四节 硅藻泥

硅藻泥取自生活在数百万年前的水生浮游类生物——硅藻沉积而成的天然物质，主要成分为蛋白石，富含多种有益矿物质，质地轻软，电子显微镜显示其粒子表面具有无数微小的孔穴，具有防火阻燃、呼吸调湿、吸音降噪、保温隔热、色彩柔和等特点。

硅藻泥的施工工艺：

1. 搅拌

在搅拌容器中加入施工用水量90% 的清水，然后倒入硅藻泥干粉浸泡几分钟，再用电动搅拌机搅拌约10 min，搅拌的同时添加10% 的清水调节施工黏稠度，泥性涂料，充分搅拌均匀后方可使用。

2. 涂抹

第一遍涂平（厚度约1 mm），完成后约50 min，涂抹第二遍（厚度约1.5 mm），如图18-7所示。

图18-7　涂抹

3. 肌理图案制作

涂抹第二遍完成，根据实际环境干燥情况，掌握干燥时间，依据工法制作肌理图案，如图18-8所示。

4. 收光

制作完肌理图案后，用收光抹子沿图案纹路压实收光，如图18-9所示。

图18-8　肌理图案制作

图18-9　收光

第十九章　其他装饰材料工艺

第一节　玻璃安装

玻璃安装工艺如图 19-1 所示。

1. 底框安装

用膨胀螺栓将角钢连接件与楼地面连接，再把金属底槽焊于连接角钢上。

2. 定框安装

用膨胀螺栓将角钢连接件与主体连接，再把金属顶槽焊于连接角钢上，顶部安装吊具，将玻璃吊起来，以减少底部压力。

3. 玻璃固定

往底框、顶框内玻璃两侧缝隙内填填充料至距缝口 10 mm 位置，然后往缝内用注射枪注入密封胶，密封胶必须均匀、连续、严密，上表面与玻璃或玻璃框成 45°，多余底胶应清理干净。

4. 粘结肋玻璃

在设计底肋玻璃位置的底玻璃幕上刷结构胶，然后人工将肋玻璃用人工放入相应的顶底框内；调节好位置后，向玻璃幕上刷胶位置轻轻推压，使其粘结牢固。最后向肋玻璃两侧底缝隙内填填充料，注入密封胶，密封胶注入必须连续、均匀，深度大于 8 mm。

5. 玻璃间缝隙处理

向玻璃间的缝隙内注入密封胶，胶液与玻璃面平，密封胶注入要连续、均匀、饱满，使接缝处光滑、平整，多余的胶迹要清理干净。

6. 肋玻璃端头处理

肋玻璃底框、顶框端头位置的垫块、密封条要固定，其缝隙用密封胶封死。

7. 清洁

玻璃幕安好后应进行清洁工作、拆排架前做最后一次检查，以保证胶缝的质量及表面的清洁。

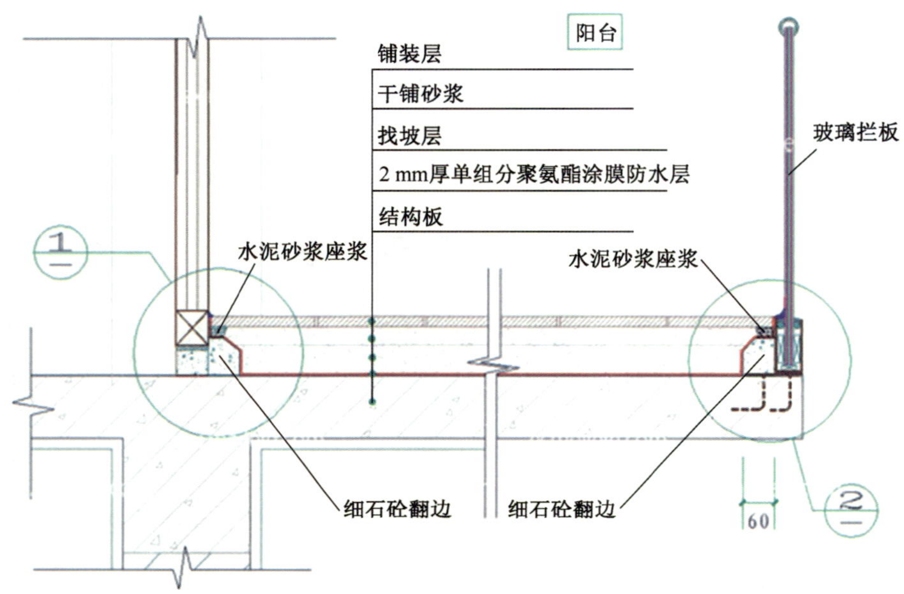

图 19-1　玻璃的安装

第二节　金属装饰

一、金属嵌缝（见图 19-2）的施工工艺

1. 施工准备

收口施工前，应准备好收口金属装饰线，并对线条进行挑选。金属装饰线表面应无划痕和碰印，尺寸准确。检查收口对缝处的基面固定得是否牢固，对缝处是否有凹凸不

平现象，并查其原因，进行加固和修正。各种装饰线的自身对口位置，应远离人的视平线，或放置于室内的不显眼位置处，特别是接口较明显的金属装饰线，更应注意装饰线条的对口位置安排。

2. 安装金属线条

不锈钢线条和铜合金线条收口线的安装均采用表面无钉条的收口方法。其工艺方法为：

① 先用圆钉在收口位置上固定一条木衬条，木衬条的宽、厚尺寸略小于不锈钢或铜合金线条的内径尺寸。

② 在木衬条上涂环氧树脂胶（万能胶），在不锈钢条槽内涂环氧树脂，再将该线条卡装在木衬条上。

③ 如不锈钢线条有造型，相应地木衬也应做出造型。

④ 不锈钢线条槽表面一般都贴有一层塑料胶带保护层，该塑料胶带应在饰面施工完毕后再从不锈钢线条槽上撕下来。如线条槽表面没有塑料胶带保护层，在施工前需贴上一层，以免在施工中损坏线条表面。

图 19-2　钛金嵌缝

二、金属踢脚线

金属踢脚线（见图 19-3）有不锈钢踢脚线、铝合金踢脚线等，金属踢脚线已成为这种时尚装修的一部分。

图 19-3　金属踢脚线

金属踢脚线的施工工艺如下：

1. 弹线定位

根据设计尺寸图，弹出踢脚标高线，高低差不得大于2 mm。

2. 基层找平

如果高过基层应剔掉多余部分后补平，如过基层内陷应用903胶或夹板先垫平。

3. 安装固定卡板

金属踢脚应先安固定卡板，固定卡板安装必须牢固、平整、垂直，再安橡胶垫，橡胶垫厚度不宜过厚或过薄，以免安不上面板或安上后松动，固定卡板和踢脚线内外接头应错开，保证面层踢脚板接头平整、顺直、接缝严密无缝隙。

4. 安装踢脚线

如果是玻化砖地面，不锈钢踢脚线面层下口应严密无缝隙。如果是80 mm高基层板，安装时应离地面保持10 mm空隙（需留出地毯厚度，以便地毯塞入）。

第三节 裱 糊

墙纸也称为壁纸，是一种用于裱糊墙面的室内装修材料，广泛用于住宅、办公室、宾馆、酒店的室内装修等。材质不局限于纸，也包含其他材料。墙纸具有色彩多样、图案丰富、豪华气派、安全环保、施工方便、价格适宜等多种其他室内装饰材料所无法比拟的特点。

墙纸施工工艺：

1. 处理墙面

粘贴壁纸的基层表面必须清洁、平整，处理的方法也是批腻子，再打磨，磨光的标准和准备刷乳胶漆一样。铺壁纸在墙上涂刷壁纸基膜或刷清漆（硝基漆或醇酸漆就可以，没有必要用聚酯漆），注意刷顶子时会有一些漆点溅到墙上；刷墙时，刷子也可能带起一些拉毛，刷完基膜最好再简单打磨一下。

2. 选用辅料

在粘贴壁纸时，辅材的选择很重要，除了保证其质量没问题外，还要保证辅材的环保性能。

3. 计算用量

在保证墙贴质量安全的基础之上，还要学会如何降低墙纸损耗，节省成本。一般的估算是按照房间地面使用面积的 2.5 ~3.5 倍计算。计算用量时，需要了解壁纸规格及对花损耗。

4. 裁剪墙纸

裁纸是壁纸粘贴的最重要的环节，根据铺贴工地的实际高度和墙纸的花位的大小来裁切。

5. 粘贴墙纸

施工前，应选择在空气相对湿度在 85% 以下，温度没有剧烈变化的季节，坚决要避免在潮湿的季节和潮湿的墙面上施工。施工时，白天应打开门窗，保持通风；晚上要关闭门窗，防止潮气进入。刚贴上墙面的墙纸，禁止大风猛吹，会影响其粘接牢度及其表面工程。

裁好的墙纸要经过润湿后才能粘贴。一般在清水中浸润后，放置 10 min 即可刷胶。刷胶也是墙纸粘贴的关键环节，要求胶液涂刷均匀、严密，不能漏刷，注意不能裹边、起堆，以防弄脏壁纸。墙纸背面刷胶后，应将胶面与胶面对叠摆放，这样既能防止胶面很快变干，又能防止污染纸面，同时便于粘贴操作（见图 19-4）。

粘贴墙纸要求墙顶和踢脚处应接缝严密，不能有缝隙，用刮板沿墙及踢脚的边沿将其压实，用墙纸刀切齐后刮平。挤出的胶液要及时用湿毛巾擦净。

图 19-4　粘贴墙纸

6. 后续处理

刚刚铺装墙纸以后的房间应该关闭门窗，阴干处理。因为刚铺完的墙纸的房间立刻通风会导致墙纸翘边和起鼓。待墙纸铺装结束 3 天后应该用潮湿的毛巾轻轻擦去墙纸接缝处残留的墙纸胶。

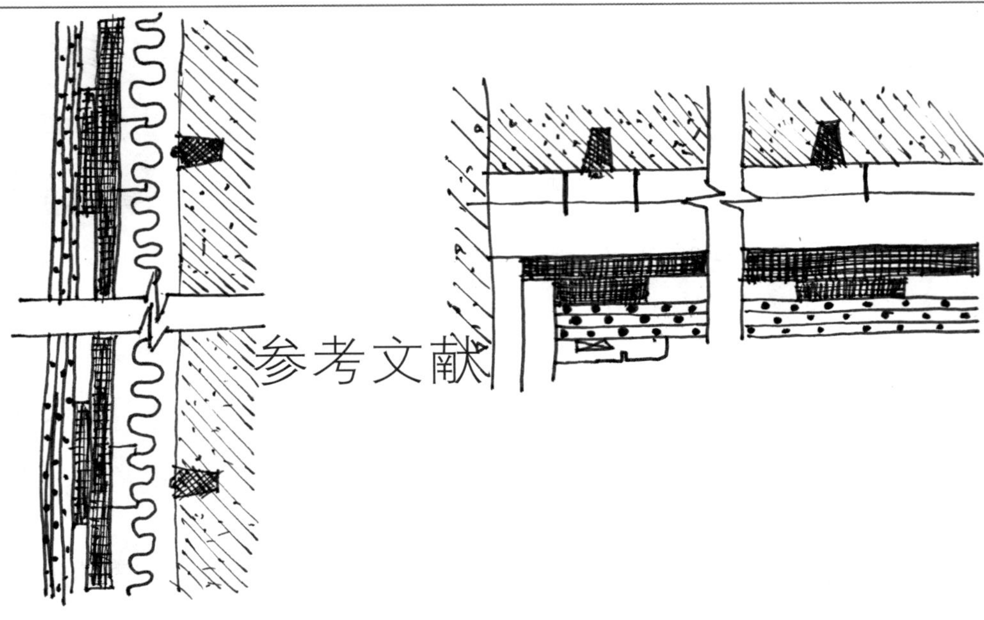

参考文献

[1] 何新闻. 室内设计材料的表现与运用 [M]. 长沙：湖南科学技术出版社，2002.

[2] 李蔚，傅彬. 环境艺术装饰材料与构造 [M]. 北京：北京大学出版社，2010.

[3] 株式会社 X-Knowledge. 布艺与家具设计终极指南 [M]. 陈靖远，邬亚琼，译. 武汉：华中科技大学出版社，2015.

[4] 祝彬. 装修建材速查宝典 [M]. 北京：化学工业出版社，2014.

[5] 李继业. 建筑装饰材料实用手册 [M]. 北京：化学工业出版社，2012.

[6]【美】约瑟夫·德·基亚拉,【美】朱利乌斯·帕内罗,【美】马丁·泽尼克. 室内设计师设计手册 [M]. 蔡红译. 2 版. 北京：中国建筑工业出版社, 2010.

[7] 周长亮. 室内装修材料与构造 [M]. 武汉：华中科技大学出版社出版，2007.

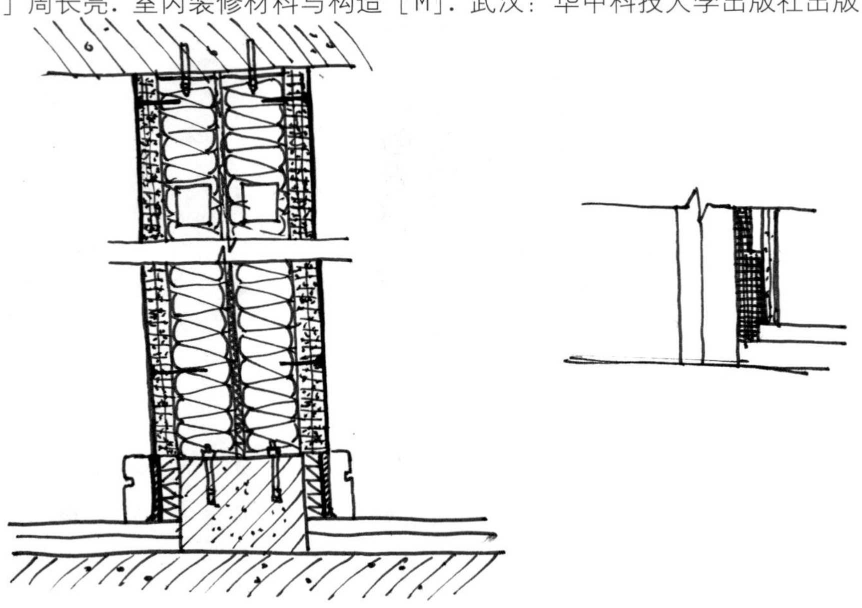